"十三五"职业教育国家规划教材配套教学用书

服装 CAD

（第二版）

主　编　董伟英
副主编　郑双飞

高等教育出版社·北京

内容简介

本书是中等职业教育服装类专业"十三五"国家规划数字课程配套教学用书。在第一版的基础上修订而成。

本书主要介绍"富怡"V8.0服装设计与放码系统界面以及各种工具的使用方法，并运用设计与放码工具进行服装结构设计。全书共有八个项目，包括服装CAD简介、富怡服装设计与放码系统、基础纸样制作、合体女外套衣身变化纸样设计、领子结构设计、袖子结构设计、富怡CAD工业制版案例精选和全国职业院校技能大赛及历年中职服装组比赛试题。

本书以突出对学生基本操作能力、文件编辑能力、软件运用能力、专业应用能力的培养为主线，结合案例由浅到深、由简到繁，图文并茂，既突出了简明易学的优点，又适用于不同层次的学生与企业技术人员的学习和应用。为了更好地帮助学生学习和掌握教材内容，本书配有在线开放课程（MOOC）、Abook及二维码文件，便于教师教学与学生自学。

本书是中等职业学校服装类专业教材，也可作为服装行业岗位培训教材，还可供服装爱好者自学使用。

图书在版编目（CIP）数据

服装CAD / 董伟英主编. -- 2版. -- 北京：高等教育出版社，2022.3
ISBN 978-7-04-057837-9

Ⅰ．①服… Ⅱ．①董… Ⅲ．①服装设计-计算机辅助设计-AutoCAD软件-中等专业学校-教材 Ⅳ．①TS941.26

中国版本图书馆CIP数据核字（2022）第019481号

服装 CAD（第二版）
FUZHUANG CAD

策划编辑　皇　源	责任编辑　皇　源	封面设计　张　志	版式设计　张　杰
责任校对　窦丽娜	责任印制　赵　振		

出版发行	高等教育出版社	网　　址	http://www.hep.edu.cn
社　　址	北京市西城区德外大街 4 号		http://www.hep.com.cn
邮政编码	100120	网上订购	http://www.hepmall.com.cn
印　　刷	天津市银博印刷集团有限公司		http://www.hepmall.com
开　　本	889mm × 1194mm 1/16		http://www.hepmall.cn
印　　张	18	版　　次	2014 年 3 月第 1 版
字　　数	370 千字		2022 年 3 月第 2 版
购书热线	010-58581118	印　　次	2022 年 3 月第 1 次印刷
咨询电话	400-810-0598	定　　价	54.00 元

本书如有缺页、倒页、脱页等质量问题，请到所购图书销售部门联系调换
版权所有　侵权必究
物 料 号　57837-00

第二版前言

随着计算机技术的快速发展，计算机辅助设计技术在服装行业得到广泛应用。服装计算机辅助设计（Computer Aided Design，简称CAD，本书下同）正在取代服装生产过程中传统的手工制版、手工排料等技术环节。运用服装CAD技术可切实提高服装企业的生产效率，降低生产成本，增加经济效益，同时可以降低制版师的劳动强度，提高裁剪的准确度。

富怡服装CAD是目前国内服装企业广泛使用的服装CAD软件之一，本教材以该软件V8.0版本为依托，根据中职学生的认知规律，采用"项目导向，任务驱动"的课程改革模式，循序渐进地安排教学内容。本教材文字简练，图文并茂，体现了"做中学，做中教"的教学理念。根据第一版的使用情况，在新版中我们为师生能够更便捷地使用该教材、实施有效教学做出了努力。

本教材具有以下特点：

1. 内容设置新颖、实用，符合现代教学理念

突出以应用为核心，紧密联系服装企业生产实践，简化原理阐述，重视学生动手能力的培养，以适用、实用为度，力求做到学以致用，注重教学过程与工作过程衔接。

2. 突出"做中学、做中教"的教学理念

本书强调CAD软件中工具栏的使用，在教学中通过学与练的紧密结合，实现教、学、做一体化，提高学生的学习效率。

3. 编排上由浅入深，符合认知规律

本书在初步教会使用工具栏的基础上，以女装原型应用为主线，加入了衣身、衣领和衣袖的结构设计方法等细节解析，以及各类款式变化结构的具体处理方法，力求体现女装结构设计CAD软件操作的全过程，深入浅出地为教师教学和学生应用提供帮助。

4. 配套有在线开放课程（MOOC）、Abook及二维码资源，教学资源丰富

经过第一版《服装CAD》教材的使用，我们汇集了宁波地区中职服装专业师生使用该教材的经验，修订时增加了相应的教案、课件、实操视频、自测习题等，这些内

容都可以通过登录Abook网站或扫取对应二维码获取。编者将服装CAD的优质教学资源奉献给大家，以便资源共享，共同提高。此外，本书还有对应的在线开放课程资源，可登录爱课程或中国大学生慕课网站学习使用。

本书第二版由宁波市服装专业首席教师、余姚市第二职业技术学校董伟英统筹策划并担任主编，宁波北仑职业高中郑双飞担任副主编。参与编写成员与工作分工见下表。

《服装CAD》（第二版）编写人员与工作分工

参编内容	姓名	参编单位	教案、PPT、实操视频	课堂实录	自测习题
模块一	石玲	宁波甬江职业高级中学	石玲	—	石玲
模块二	张国辉	宁波市奉化区职业教育中心学校	唐琼（宁波甬江职业高级中学）	—	唐琼
模块三	郑双飞	宁波北仑职业高级中学	蒋玲翔、谢一（宁波市奉化区职业教育中心学校）		郑双飞
模块四	殷吟	宁波北仑职业高级中学	郁露芳（宁波慈溪锦堂职业高级中学）	傅莹（宁波甬江职业高级中学）	郁露芳
模块五	董伟英	宁波余姚市第二职业技术学校	董伟英、陈虹、阮彬斌、王栋杰	洪燕（宁波鄞州职业高级中学）	董伟英、姚瑶
模块六	张国辉	宁波市奉化区职业教育中心学校	张国辉	耿晓冬（宁海县第一职业中学）	张国辉
模块七	郑双飞	宁波北仑职业高级中学	郑双飞、邵蔚	—	郑双飞
模块八	高秦箭	宁波甬江职业高级中学	—	—	—
	薛红	宁波慈溪锦堂高级职业中学	—	—	—

本书在修编过程中，得到了宁波余姚市第二职业技术学校龚伟苗校长、宁波北仑职业高级中学林绿洋校长的关心和帮助，深圳市盈瑞恒科技有限公司（富怡）提供了一些专业素材，第一版由宁波市教育局职成教教研室蔡慈明老师策划，参与编写的有刘伟珍老师和林益娜老师，在此一并表示衷心的感谢。

《服装CAD》教学计划及课时安排

	项目	任务	学时数			
			理论	实操	考核	合计
一	服装CAD简介	服装CAD概述及开设课程重要性	1			1
二	富怡服装设计与放码系统	设计与放码系统界面介绍	1			1
		快捷工具栏使用介绍		2		1+1
		设计工具栏使用介绍		4	1	1+4
		纸样工具栏使用介绍		2	1	1+2
		放码工具栏使用介绍		2		1+1
		打印输出介绍		1	1	2
三	基础纸样制作	女上装衣身原型	1	2		3
		女上装衣袖原型	1	2		3
		裙子原型	1	2	1	4
		裤装原型	1	2	1	4
		第三代女装原型	1	2	1	4
		技能大赛女装原型	1	3		4
四	合体女外套衣身变化纸样设计	合体女外套含胸省基本型结构制图	1	3		4
		合体女外套衣身结构设计	1	3	2	6
五	领子结构设计	无领结构设计	1	2		3
		袒领结构设计	1	2		3
		立领结构设计	1	2	1	4
		翻驳领结构设计	1	3	2	6
六	袖子结构设计	圆装袖结构设计	1	3	1	5
		连袖结构设计	1	3		4
七	富怡CAD工业制版案例精选	合体半插肩袖女外套	1	4		5
		百褶女外套	1	4		5
		暗门襟衬衫领女外套	1	4	4	9
		混合领女外套	1	4	4	9
		无叠门横向分割线女外套	1	4		5
	合计		21	65	20	106

由于编者水平有限，不足之处恳请使用本教材的师生及服装专家同行提出宝贵意见，读者意见反馈信箱：zz_dzyj@pub.hep.cn。

编者

2020年11月

第一版前言

现代服装企业正在进行深刻的变革，企业追求减人增效已是当今竞争的关键。服装CAD的广泛应用为服装制造企业获得了良好的经济效益。

"富怡"V8.0和"日升天辰"NACPro CAD软件是目前国内服装企业应用较广泛的软件。它的功能模块和操作习惯适合国内用户，因此中等职业学校服装专业教学已把服装CAD软件使用作为专业学生学习的一门重要课程。

本书采用"项目导向、任务驱动"的课改模式，根据中职学生的认知规律，循序渐进地安排教学内容，文字简练，图文并茂，图示清晰，体现了"做中学，做中教"的教学思想。并有针对性地介绍了近年来全国职业院校服装专业国赛中对服装CAD软件的使用情况。

本教材有以下特点：

1. 教材内容的设置新颖、实用、符合现代教学思想

突出以应用为核心，紧密联系企业生产实践，简化原理阐述，重视学生动手能力的训练培养，以适用、实用为度，力求做到学以致用，注重教学过程与工作过程衔接。

2. 突出"做中学、做中教"的教学理念

教材强调工具栏使用，在教学中通过学与练的紧密结合，实现教、学、做一体化，提高学生的学习效益。

3. 编排上保持教学内容的系统性

教材在如何使用工具栏的基础上，以女装原型应用为主线，加入了衣身、衣领和衣袖的结构设计方法等细节解析，以及各类款式变化结构的具体处理方法。力求体现女装结构设计CAD软件操作的全过程，以给中职服装专业教学和指导学生应用有所帮助。

4. 配有光盘，体现自主学习的理念

本书为方便学生自主学习，配有光盘。在光盘中包括了软件使用实录与实操案例，便于学生学习掌握知识与技能。

本书由宁波市教育局职成教教研室蔡慈明负责策划、统筹，宁波余姚市第二职业

技术学校董伟英担任主编，蔡慈明和宁波奉化职教中心张国辉担任副主编，由深圳市远湖科技有限公司总经理于飞审稿，并提出宝贵意见和建议。本书编写的具体分工是：模块一由宁波市甬江职业高级中学石玲编写，模块二、模块六由奉化职教中心张国辉编写，模块二中的插图由天津市慧翔职专孙静协助绘制，模块三由宁波鄞州职业高级中学柳伟珍编写，模块四由宁波北仑职业高中殷吟编写，模块五由宁波余姚市第二职业技术学校董伟英编写，模块七由宁波北仑职业高级中学郑双飞编写，模块八由宁波北仑职业高级中学林益娜和宁波甬江职业高级中学石玲编写。董伟英、蔡慈明和张国辉为本书统稿。

本书在编写过程中，得到了宁波余姚市第二职业技术学校黄志明校长、宁波北仑职业高级中学林绿洋校长的关心和帮助，深圳市盈瑞恒科技有限公司（富怡）提供了一些专业素材，在此一并表示衷心的感谢。由于编者水平有限，错漏之处恳请使用本教材的师生及服装专业同行提出宝贵意见，以便在修订时改正。

编者

2013年10月

目 录

二维码目录

纸样工具栏使用介绍　　80

放码工具栏使用介绍　　89

女上装衣身原型绘制视频　　95

女上装衣袖原型绘制视频　　100

裙装原型绘制视频　　102

合体女外套含胸省基本型结构制图视频　112

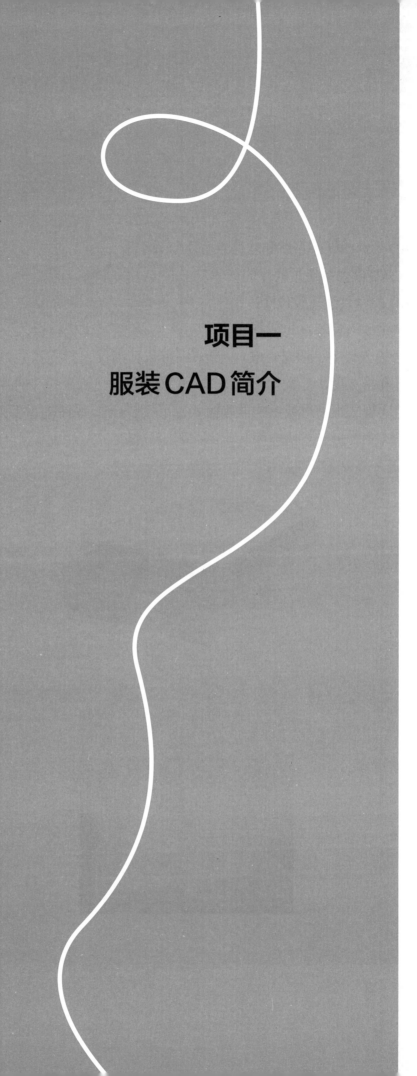

项目一
服装CAD简介

服装CAD技术，即服装计算机辅助设计技术，是从20世纪70年代起步的，随着计算机技术以及网络技术的迅猛发展而快速发展起来，并且在服装产业中得到日益广泛的运用。

一、服装CAD系统的组成

服装CAD系统由硬件系统和软件系统两部分组成。

1. 服装CAD硬件系统是软件的载体

服装CAD硬件系统一般包括：

（1）数字化读入设备：包括扫描仪（图1-1）和数字化纸样读入仪（图1-2）。扫描仪是图像信号输入设备，服装CAD主要采用彩色扫描仪，扫描款式效果图或面料，进行图像的采集和扩充图库。数字化纸样读入仪（简称数化板）是一种主要的图形输入装置，能方便地实现二维图形数据的准确输入，是服装CAD系统的重要外设之一。

图1-1

图1-2

（2）计算机：一般来说，一台高频双核2GB内存，普通独显的计算机已经能够满足需求。

（3）输出设备：包括打印机、绘图仪（图1-3）和纸样切割机（图1-4）。打印款式效果图一般用彩色打印机即可，打印纸样则需要90 cm以上幅宽的纸样打印机。绘图仪根据所使用耗材划分为笔式绘图仪和喷墨绘图仪两大类，打印机和绘图仪同属一类设备（唛架机是南方专业人员对绘图仪的一种俗称）。纸样切割机是开样制版人员的必备工具，板房制版人员可以根据计算机软件上设计的图形，调试好切割刀，开启真空吸附按钮开始切割，机器在铜版纸或卡纸等材料上进行切割，完成样板制作。

2. 服装CAD软件系统是硬件的灵魂

从功能上来分，服装CAD软件一般包括：

（1）服装款式设计系统：包括服装款式的设计，以及服装面料的设计。

（2）服装纸样设计系统：包括服装结构图的绘制、纸样的生成、缝份的加放、标注和标记等功能。

（3）服装样片推码系统：由单号型纸样生成多号型纸样的系统。

（4）服装样片排料系统：用来设置门幅、缩水率等面料信息，进行样片的模拟排料，确定排料方案。

图1-3

图1-4

二、服装CAD的品牌分类

目前，国外服装CAD品牌有OPTITEX、格柏、爱维斯、派特、度卡、力克等；国内服装CAD品牌有智尊宝纺、ET、博克、富怡、爱科、盛装、唐装、服装大师、时高等。

随着近年来服装CAD技术的开发，软件价格逐渐合理化，价位有了较大的下调。尤其是国产服装CAD软件，还可以自由选购不同的系统组合，很容易实现个人计算机打版。

三、服装CAD的特点

基于计算机的快速反应能力，以往用传统方式设计一个服装款式需要几小时甚至几天时间，而现在用服装CAD设计仅需要几十分钟甚至几分钟，大大缩短了服装设计的周期。运用服装CAD来设计和绘制服装图样还可以大大减轻设计师的手工劳动，对设计人员的手工绘图、手工打样水平要求也可相对降低。服装设计的信息存储在计算机内，可随时调用，便于管理，还可以通过网络进行信息传递。服装行业有了计算机技术的支持后质量好了、效率高了，从而有效地促进了服装产业的技术进步。

服装CAD是成衣生产中诸多设计步骤所需要使用的工具，也是辅助企业提高设计质量和生产效率的工具，更是企业技术含量的体现。服装CAD被广泛应用于服装生产中，例如：使用服装CAD系统进行款式设计、制版、放码、排料等工作，使用计算机吊挂系统对服装生产过程进行控制和管理，使用电脑缝纫机提高制作的效率。由于服装CAD诸多的优越性，以及在市场上的大力推广，服装CAD在服装生产企业的使用率呈逐年上升趋势，服装行业对既懂得传统样板工艺，又掌握服装CAD技术的专业人才的需求量逐年增大。

四、中职服装专业开设服装CAD课程的重要性

中等职业学校是专为企业培养高素质技能型人才的基地，所以掌握服装CAD技能，应当成为服装专业学生必备的专业素养。近年来服装CAD教学得到了教育部和各省教研部门的高度重视。2007年以前国家级、省级服装技能大赛的项目都是手工制作与工艺，而2007年以后（含2007年）的国家级全国职业院校服装技能大赛增加了服装CAD制版项目，可见国家对掌握服装CAD操作技能的重视程度。

因此，开设服装CAD课程，可使学生借助服装CAD软件学习服装款式设计、结构设计和工艺设计，并把这些技能融为一体；让学生使用色织物设计软件，可以使他们加深对服装材料的认识和理解；学习服装企业工程管理软件，可使学生了解服装企业的构成和整个生产过程，将大大充实服装专业的教学内容，拓展学生的职业技能，从而使学生更快、更好地适应企业，服务于社会，也为学生自身的职业生涯打下良好的基础。

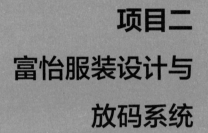

项目二

富怡服装设计与放码系统

服装CAD系统有不少品牌，本书选择应用较广的富怡服装设计与放码系统作深入讲解，并在讲解其使用方法的同时，介绍现代服装结构设计的基本方法和基础款式，使学生具备服装生产企业低、中岗位的应岗能力。

　　本项目主要介绍富怡服装设计与放码系统各工具的使用。

任务一　设计与放码系统界面

　　富怡V8.0服装设计与放码系统的工作界面（图2-1）就好比是用户的工作室，熟悉了这个工作界面也就熟悉了我们的工作环境。

　　1. 存盘路径

　　显示当前打开文件的存盘路径。

　　2. 菜单栏

　　该区是放置菜单命令的地方，且每个菜单的下拉菜单中又有各种命令。单击菜单时，会弹出下拉菜单，可用鼠标单击选择一个命令，也可以按住Alt键敲菜单后的对应字母，菜单即可选中，再用方向键选中需要的命令。

　　3. 快捷工具栏

　　用于放置常用命令的快捷图标，为快速完成设计与放码工作提供了极大的方便。

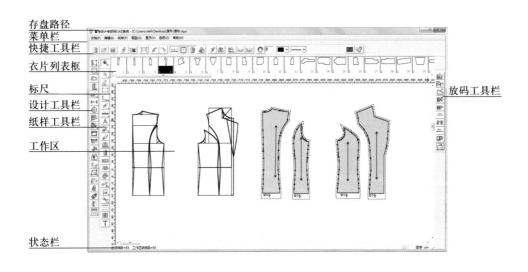

图2-1

4. 衣片列表框

用于放置当前绘制款式中的纸样。每一个纸样放置在一个小格的纸样框中，纸样列表框布局可通过【选项】→【系统设置】→【界面设置】→【纸样列表框布局】改变其位置。纸样列表框中放置了本款式的全部纸样，纸样名称、份数和次序号都显示在这里，拖动纸样可以对其顺序进行调整，不同的布料呈现不同的背景色。

5. 标尺

显示当前使用的度量单位。

6. 设计工具栏

该栏放置着绘制及修改结构线的工具。

7. 纸样工具栏

当用✂剪刀工具剪下纸样后，用该栏工具将其进行细部加工，如加剪口、加钻孔、加缝份、加缝迹线、加缩水。

8. 放码工具栏

该栏放置着用各种方式放码时所需要的工具。

9. 工作区

工作区如一张无限大的纸张，可在此尽情发挥自己的设计才能。在工作区中既可以设计结构线，也可以对纸样放码。绘图时可以显示纸张边界。

10. 状态栏

状态栏位于系统的最底部，它显示当前选中的工具名称及操作提示。

任务二　快捷工具栏

快捷工具栏中的工具及其图标和快捷键如表2-1所示。

表2-1　快捷工具栏的工具及其图标和快捷键

序号	图标	名称	快捷键	序号	图标	名称	快捷键
1		新建	Ctrl+N	5		数码输入	
2		打开	Ctrl+O	6		绘图	
3		保存	Ctrl+S	7		撤销	Ctrl+Z
4		读纸样		8		重新执行	Ctrl+Y

序号	图标	名称	快捷键	序号	图标	名称	快捷键
9		显示/隐藏变量标注		17		等幅高放码	
10		显示/隐藏结构线		18		颜色设置	
11		显示/隐藏纸样		19		线颜色	
12		仅显示一个纸样		20		线类型	
13		将工作区的纸样收起		21		等分数	
14		按布料类型分类显示纸样		22		曲线显示形状	
15		点放码表		23		辅助线的输出类型	
16		定型放码		24		播放演示	

1. 新建

（1）功能：新建一个空白文档。

（2）操作：

① 单击图标或按Ctrl+N快捷键，新建一个空白文档。

② 如果工作区内有未保存的文件，则会弹出【存储档案吗？】对话框（图2-2），询问是否保存文件。

③ 单击【是】则会弹出【保存为】对话框，选择好路径，输入文件名，单击【保存】，则该文件被保存。

2. 打开

（1）功能：用于打开储存的文件。

（2）操作：

① 单击图标或按Ctrl+O快捷键，弹出【打开】对话框。

② 选择适合的文件类型，按照路径选择文件。

③ 单击【打开】（或双击文件名），即可打开一个保存过的纸样文件。

3. 保存

（1）功能：用于储存文件。

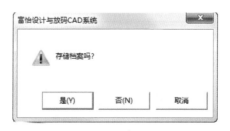

图2-2

（2）操作：

① 单击▣图标或按Ctrl+S快捷键，第一次保存时弹出【文档另存为】对话框（图2–3），指定路径后，在【文件名】文本框内输入文件名，单击【保存】即可。

② 再次保存该文件，则单击该图标或按Ctrl+S快捷键即可，文件将按原路径、原文件名保存。

4. ▨ 读纸样

（1）功能：借助数化板、鼠标，可以将手工做的基码纸样或放好码的网状纸样输入计算机中。

（2）操作：

① 用胶带把纸样贴在数化板上。

② 单击▨图标，弹出【读纸样】对话框，用数化板鼠标的十字准星对准需要输入的点，按顺时针方向依次读入边线各点，按2键纸样闭合。

③ 这时会自动选中开口辅助线▨（如果需要输入闭合辅助线，单击▨图标；如果是挖空纸样，单击▨图标），根据点的属性按下对应的键，每读完一条辅助线或闭合一条辅助线或挖空一个地方，都要按一次2键。

④ 单击对话框中的【读新纸样】，则之前读取的一个纸样出现在纸样列表内，【读纸样】对话框变为空白，此时可以读入另一个纸样。

⑤ 全部纸样读完后，单击【结束读样】。

5. ▨数码输入

功能：打开用数码相机拍摄的纸样图片文件或扫描图片文件。数码输入比数化板读纸样效率高。

6. ▨绘图

（1）功能：按比例绘制纸样或结构图。

（2）操作：

图2-3

① 把需要绘制的纸样或结构图在工作区中排好，如果是绘制纸样也可以单击【编辑】菜单，自动排列绘图区。

② 按F10键，显示纸张宽边界（若纸样出界，布纹线上有圆形红色警示，则需把该纸样移入界内）。

③ 单击该图标，弹出【绘图】对话框。

④ 选择需要的绘图比例及绘图方式，在不需要绘图的尺码上单击使其没有颜色填充（图2-4）。

⑤ 单击【设置】弹出【绘图仪】对话框，在对话框中设置当前绘图仪型号、纸张大小、预留边缘、工作目录等，单击【确定】，返回【绘图】对话框（图2-5）。

⑥ 单击【确定】即可绘图。

7. ✎ 撤销

（1）功能：用于按顺序取消做过的操作指令，每按一次可以撤销一步操作。

（2）操作：单击该图标或按Ctrl+Z快捷键，也可以单击鼠标右键，再单击【Undo】即可。

图2-4

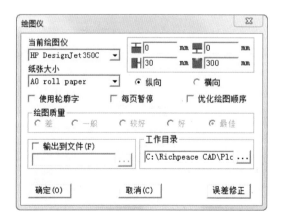

图2-5

8. ⤶重新执行

（1）功能：把撤销的操作再恢复，每按一次就可以复原一步操作，可以执行多次。

（2）操作：单击该图标或按Ctrl+Y快捷键。

9. ⬚显示/隐藏变量标注

（1）功能：同时显示或隐藏所有的变量标注。

（2）操作：

① 用⬚比较长度、用⬚测量两点间距离工具记录尺寸。

② 单击⬚，选中该图标为显示，取消选中该图标为隐藏。

10. ⬚显示/隐藏结构线

（1）功能：选中该图标为显示结构线，否则为隐藏结构线。

（2）操作：单击该图标，图标凹陷为显示结构线；再次单击，图标凸起为隐藏结构线。

11. ⬚显示/隐藏纸样

（1）功能：选中该图标为显示纸样，否则为隐藏纸样。

（2）操作：单击该图标，图标凹陷为显示纸样；再次单击，图标凸起为隐藏纸样。

12. ⬚仅显示一个纸样

（1）功能：

① 选中该图标时，工作区只有一个纸样并且以全屏方式显示，也即纸样被锁定。取消选中该图标，则工作区可以同时显示多个纸样。

② 纸样被锁定后，只能对该纸样进行操作，这样可以排除干扰，也可以防止对其他纸样的误操作。

（2）操作：

① 选中纸样，再单击该图标，图标凹陷，纸样被锁定。

② 单击纸样列表框中其他纸样，即可锁定新纸样。

③ 单击该图标，图标凸起，可取消锁定。

13. ⬚将工作区的纸样收起

（1）功能：将选中纸样从工作区收起。

（2）操作：

① 用⬚选中需要收起的纸样。

② 单击将收起纸样的图标，则选中纸样被收起。

14. ⬚按布料类型分类显示纸样

（1）功能：按照布料类型把纸样窗的纸样放置在工作区中。

（2）操作：

① 单击该图标，弹出【按布料类型显示纸样】对话框。

② 选择需要放置在工作区的布料名称，单击【确定】即可（图2-6）。

15. 点放码表

（1）功能：对单个点或多个点放码时使用的功能表（图2-7）。

（2）操作：

① 单击 图标，弹出【点放码表】对话框。

② 用 单击或框选放码点，dX、dY栏激活。

③ 可以在除基码外的任何一个码中输入放码量。

④ 再单击 （X相等）、 （Y相等）或 （XY相等）等放码按钮，即可完成该点的放码。

（3）技巧：用 框选一个或多个放码点后，在任意空白处单击左键或者按Esc键，可以取消选中的放码点。

图2-6

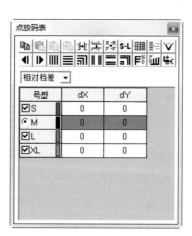

图2-7

16. ⌣ 定型放码

（1）功能：使用该工具可以让其他码的曲线弯曲程度与基码的一致。

（2）操作：

① 用选择工具选中需要定型处理的线段。

② 单击定型放码图标即可完成（图2-8）。

17. ⌄ 等幅高放码

（1）功能：使两个放码点之间的曲线按照等幅高的方式放码。

（2）操作：

① 用选择工具选中需要等幅高处理的线段。

② 单击等幅高放码图标即可完成（图2-9）。

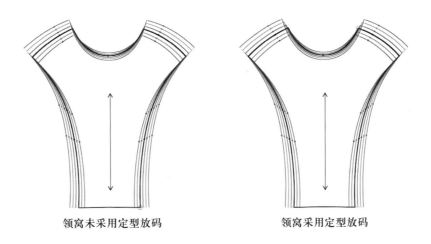

领窝未采用定型放码　　　　　　　领窝采用定型放码

图2-8

未采用等幅高放码　　　　　　　采用等幅高放码

图2-9

18. ◎ 颜色设置

（1）功能：用于设置纸样列表框、工作视窗和纸样号型的颜色。

（2）操作：

① 单击该图标弹出【设置颜色】对话框，该对话框中有三个选项卡。

② 单击选中选项卡名称，单击选中修改项，再单击选择一种颜色，按【应用】即可改变所选项的颜色，可同时设置多个选项，最后按【确定】即可。

19. ▤▾ 线颜色

（1）功能：用于设定或改变结构线的颜色。

（2）操作：

① 设定线颜色：单击线颜色的下拉列表，单击选中合适的颜色，这时用画线工具画出的线为选中的线颜色。

② 改变线的颜色：单击线颜色的下拉列表，选中所需颜色，再用 ▤ 设置线的颜色类型工具，在需要修改的线上单击右键或右键框选该线即可。

20. ▭▾ 线类型

（1）功能：用于设定或改变结构线类型。

（2）操作：

① 设定线类型：单击线类型的下拉列表，选中线型，这时用画线工具画出的线为选中的类型。

② 改变已做好的结构线类型或辅助线类型：单击线类型的下拉列表，选中适合的类型，再选中 ▤ 设置线的颜色类型工具，在需要修改的线上单击左键或左键框选线即可。

21. ▯² 等分数

（1）功能：用于等分线段。

（2）操作：图标框中的数字是多少就会把线段等分成多少等份。

22. ◠◠ 曲线显示形状

（1）功能：用于改变线的形状。

（2）操作：选中 ▤ 设置线的颜色类型工具，单击 ◠◠▾ 的下拉列表选中需要的曲线形状，此时可以设置该线的宽与高，先宽后高，输入宽的数据后按回车再输入高的数据，用左键单击需要更改的线即可。

23. ▭▾ 辅助线的输出类型

（1）功能：设置纸样辅助线输出的类型。

（2）操作：选中 ▤ 设置线的颜色类型工具，单击 ▭▾ 的下拉列表选中需要的输出方式，用左键单击需要更改的线即可。如果设了全刀，辅助线的一端会显示全刀的符号；如果设了半刀，辅助线的一端会显示半刀的符号。

24. ▦播放演示

（1）功能：播放工具操作的录像。

（2）操作：选中该图标，再单击任意工具，会播放该工具的使用视频录像。

快捷工具栏使用介绍

01新建	11按布料种类分类显示纸样
02打开	12点放码表
03保存	13定型放码
04撤销	14等幅高放码
05重新执行	15颜色设置
06显示（隐藏）变量标注	16线颜色
07显示（隐藏）结构线	17线类型
08显示（隐藏）纸样	18等分数
09仅显示一个纸样	19曲线显示形状
10将工作区的纸样收起	20辅助线的输出类型

任务三　设计工具栏

设计工具栏的工具及其图标和部分快捷键如表2-2所示。

表2-2　设计工具栏的工具及其图标和部分快捷键

序号	图标	名称	快捷键	序号	图标	名称	快捷键
1		调整工具	A	21		加省山	
2		合并调整	N	22		插入省褶	
3		对称调整	M	23		转省	
4		省褶合起调整		24		褶展开	
5		曲线定长调整		25		分割/展开/去除余量	
6		线调整		26		荷叶边	
7		智能笔	F	27		比较长度	R
8		矩形	S	28		测量两点间距离	
9		圆角		29		量角器	
10		三点圆弧		30		旋转	Ctrl+B
11		CR圆弧		31		对称	K
12		角度线		32		移动	G
13		点到圆或两圆之间的切线		33		对接	J
14		等分规	D	34		剪刀	W
15		点	P	35		拾取衣片辅助线	
16		圆规	C	36		拾取内轮廓	
17		剪断线	Shift+C	37		设置线的颜色和类型	
18		关联/不关联		38		加入/调整工艺图片	
19		橡皮擦	E	39		加文字	
20		收省					

1.　调整工具

（1）功能：用于调整曲线的形状，修改曲线上控制点的个数以及曲线点与转折点的转换，改变钻孔、扣眼、省、褶的属性。

（2）操作：

方式一 调整单个控制点：

① 用该工具在曲线上单击，线被选中；单击线上的控制点，拖动至满意的位置；再单击即可。当显示弦高线时，此时按小键盘上数字键可改变弦的等分数，移动控制点可调整至弦高线上，光标上的数据为曲线长和调整点的弦高（图2-10）。

② 定量调整控制点：用该工具选中线后，把光标移在控制点上，敲回车键（图2-11）。

③ 在线上增加控制点、删除曲线或折线上的控制点：单击曲线或折线，使其处于选中状态，把光标移至曲线点上，按Insert键可使控制点可见，在没点的位置用左键单击为加点（或按Insert键），在有点的位置单击右键或按Delete键删除点（图2-12）。

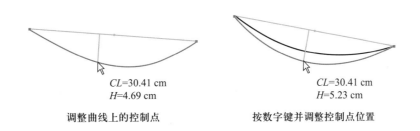

| 调整曲线上的控制点 | 按数字键并调整控制点位置 |

CL=30.41 cm　H=4.69 cm　　CL=30.41 cm　H=5.23 cm

图2-10

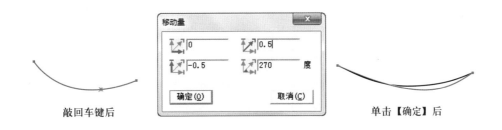

敲回车键后　　　　单击【确定】后

图2-11

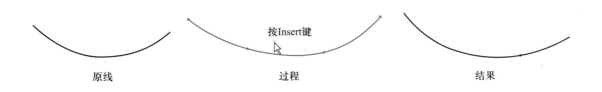

原线　　　　过程　　　　结果

按Insert键

图2-12

④ 在选中线的状态下，把光标移至控制点上按Shift键，可在曲线点与转折点之间进行切换。在曲线与折线的转折点上，把光标移在转折点上单击右键，曲线与直线的相交处自动顺滑。在此转折点上按Ctrl键，可拉出一条控制线，可使得曲线与直线的相交处顺滑相切（图2-13）。

⑤ 用该工具在曲线上单击，线被选中，敲小键盘上的数字键，可更改线上的控制点个数（图2-14）。

方式二　调整多个控制点：

① 如果在调整结构线上调整，先把光标移在线上，拖选AC，光标变为平行拖动 $+_\searrow$（图2-15）。

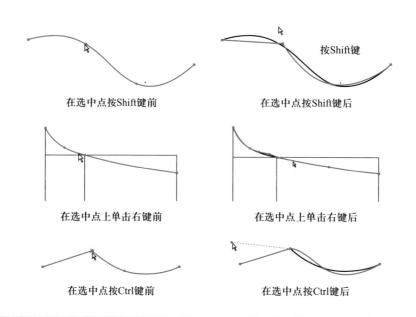

| 在选中点按Shift键前 | 在选中点按Shift键后 按Shift键 |

| 在选中点上单击右键前 | 在选中点上单击右键后 |

| 在选中点按Ctrl键前 | 在选中点按Ctrl键后 |

图2-13

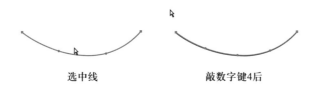

| 选中线 | 敲数字键4后 |

图2-14

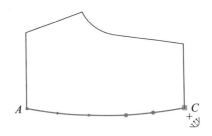

图2-15

② 按Shift键切换成按比例调整光标⁺ᴰ，单击点*C*并拖动，弹出【移动量】对话框（如果目标点是关键点，直接把点*C*拖至关键点即可；如果需在水平或垂直或45°方向上调整，按住Shift键即可）。

③ 输入调整量，单击【确定】即可（图2-16）。

2. ⚒ 合并调整

（1）功能：将线段移动旋转后调整，常用于前后袖窿、下摆、省道、前后领口及肩点拼接处等位置的调整。适用于纸样、结构线调整。

（2）操作：

① 用鼠标左键依次点选或框选要圆顺处理的曲线*a*、*b*、*c*、*d*后单击右键。

② 再依次点选或框选与曲线连接的线1线2、线3线4、线5线6，单击右键，弹出【合并调整】对话框（图2-17）。

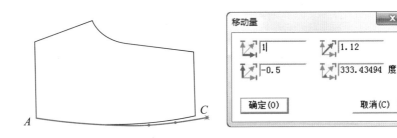

图2-16

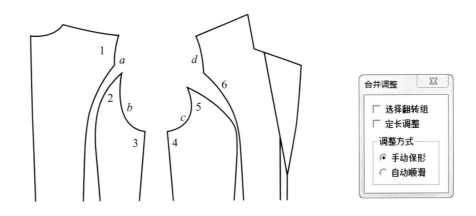

图2-17

③ 夹圈拼在一起，用鼠标左键可调整曲线上的控制点。如需调整公共点可按Shift键，则该点在水平或垂直方向移动（图2-18）。

④ 调整满意后，单击右键（图2-19）。

（3）【合并调整】对话框参数说明：

① 前后浪为同边时，勾选【选择翻转组】选项再选线，线会自动翻转（图2-20）。

② 选中【手动保形】选项，可自由调整线条。

③ 选中【自动顺滑】选项，软件会自动生成顺滑的曲线，无须手动调整。

3. ◿ 对称调整

（1）功能：使纸样或结构线对称后调整，常用于对领的调整。

（2）操作：

① 单击或框选对称轴（或单击对称轴的起止点）。

② 再框选或者单击要对称调整的线，单击右键。

③ 用该工具单击要调整的线，再单击线上的点，拖动到适当位置后再单击。

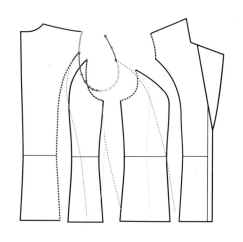

图2-18

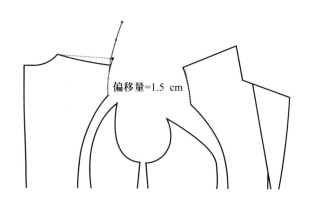

偏移量=1.5 cm

图2-19

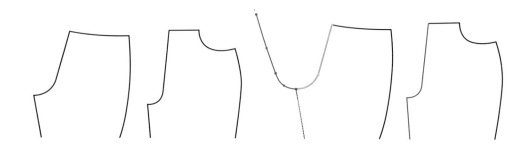

图2-20

④ 调整完所需线段后，单击右键结束（图2-21）。

4. 🖼 省褶合起调整

（1）功能：把纸样上的省、褶合并起来调整。只适用于纸样。

（2）操作：

① 用该工具依次单击省1、省2（图2-22），再单击右键（图2-23）。

② 单击中心线（图2-24），用该工具调整省合并后的腰线，满意后单击右键。

提示：a. 在结构线上做的省褶形成纸样后，用该工具前需要用"纸样工具栏"中相应的省或褶工具做成省元素或褶元素；b. 该工具默认是省褶合起来调整 $\breve{V}$，按Shift键可切换成只合并省 $\breve{V}$。

5. 🔽 曲线定长调整

（1）功能：在曲线长度保持不变的情况下，调整其形状。对结构线、纸样均可操作。

（2）操作：用该工具单击曲线，曲线被选中，拖动控制点到满意的位置后单击即可。

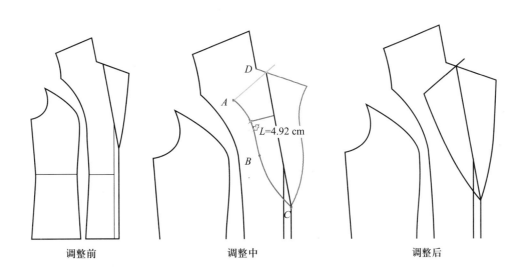

调整前　　　　　　　　　调整中　　　　　　　　　调整后

图2-21

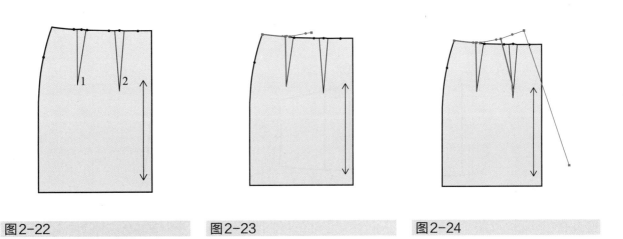

图2-22　　　　　　　　　图2-23　　　　　　　　　图2-24

6. ⤷ 线调整

（1）功能：光标为 ⤷ 时，可检查或调整两点间曲线的长度、两点间的直度，也可以对端点偏移调整；光标为 ⤷ 时，可自由调整一条线的一个端点到目标位置上。适用于纸样、结构线。

（2）操作： ⤷ 与 ⤷ 两光标用Shift键切换，光标 ⤷ 的快捷键是Shift+S。

① 光标为 ⤷ 时，用该工具点选或者框选一条线，弹出【线调整】对话框（图2-25）。

② 选择调整项，输入恰当的数值，单击【确定】即可调整。

③ 光标为 ⤷ 时，框选或点选线，线的一端即可自由移动，目标点必须是可见点（图2-26）。

（3）移动点说明：在框选线或点选线的情况下，距离框选或点选较近的一个端点为修改点（有亮星显示）。如需调整一个纸样上的两段线，拖选两线段的首尾端，第一个选中的点为修改点（有亮星显示）。

7. ✐ 智能笔

（1）功能：智能笔综合了多种功能。可以用来画线、画矩形，调整线的长度，连角、加省山、删除、靠边、移动（复制）点线、转省、剪断（连接）线、收省，绘制不相交等距线、相交等距线，用作圆规、三角板，制作水平垂直线、偏移点及偏移线等。

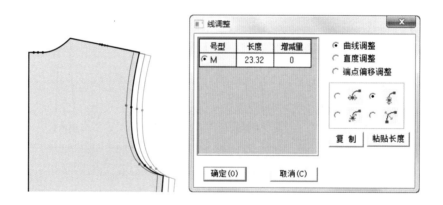

图2-25

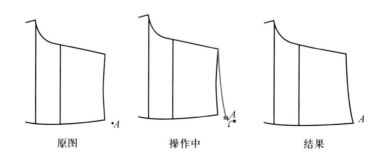

图2-26

（2）操作：

方式一

① 单击左键则进入【画线】工具。

② 在空白处或关键点或交点或线上单击，进入画线操作。

③ 光标移至关键点或交点上，按回车键，则以该点作为偏移，进入画线类操作。

④ 在确定第一个点后，单击右键切换丁字尺（水平/垂直/45°线）、任意直线；按下Shift键，切换折线与曲线（图2-27）。

⑤ 按下Shift键，单击左键则进入【画矩形】工具（常用于从可见点开始画矩形）。

方式二

① 在线上单击右键则进入【调整】工具。

② 按下Shift键，在线上单击右键则进入【调整曲线长度】工具。在线的中间单击右键为两端不变，调整曲线长度。如果在线的一端单击右键，则在这一端调整线的长度（图2-28）。

方式三

① 如果左键框住两条线后单击右键则变为角连接状态（图2-29）。

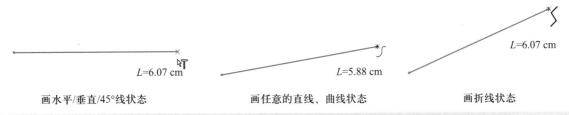

画水平/垂直/45°线状态　　　　画任意的直线、曲线状态　　　　画折线状态

图2-27

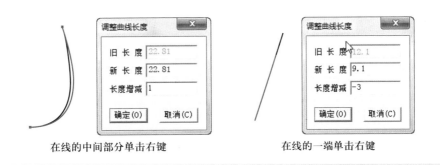

在线的中间部分单击右键　　　　在线的一端单击右键

图2-28

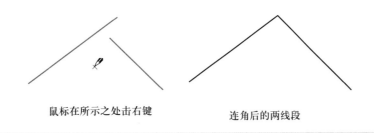

鼠标在所示之处击右键　　　　连角后的两线段

图2-29

② 如果左键框选四条线后，单击右键则进入【加省山】工具。说明：在省的哪一侧单击右键，省底就向哪一侧倒（图2-30）。

③ 如果左键框选一条或多条线后，再按Delete键，则删除所选的线。

④ 如果左键框选一条或多条线后，再在另外一条线上单击左键，则进入【靠边】功能，在需要的线的一边单击右键，进入【单向靠边】状态。如果在另外的两条线上单击左键，进入【双向靠边】状态（图2-31）。

⑤ 左键在空白处框选，进入【画矩形】工具。

⑥ 按下Shift键，左键框选一条或多条线后，再单击右键进入【移动（复制）】功能，用Shift键切换复制或移动，按住Ctrl键，为任意方向移动或复制。

⑦ 按下Shift键，左键框选一条或多条线后，单击左键选择线，则进入【转省】功能。

⑧ 右键框选一条线，则进入【剪断（连接）线】功能。

⑨ 按下Shift键，右键框选一条线，则进入【收省】功能。

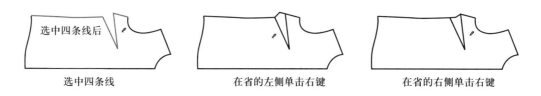

| 选中四条线 | 在省的左侧单击右键 | 在省的右侧单击右键 |

图2-30

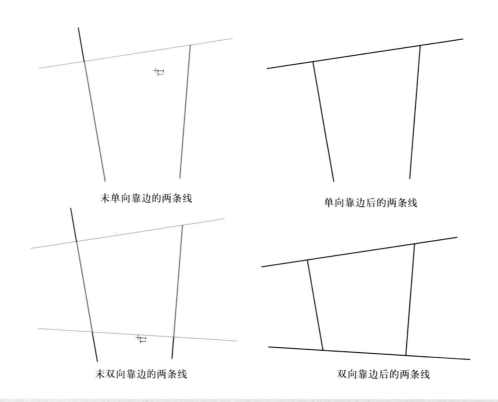

| 未单向靠边的两条线 | 单向靠边后的两条线 |
| 未双向靠边的两条线 | 双向靠边后的两条线 |

图2-31

方式四

① 在空白处，用左键拖拉，进入【画矩形】工具。

② 左键拖拉线则进入【不相交等距线】功能（图2-32）。

③ 按下Shift键，左键拖拉线，则进入【相交等距线】状态，再分别单击相交的两边完成绘制（图2-33）。

方式五

① 在关键点上按下左键拖动到一条线上放开，则进入【单圆规】工具。

② 在关键点上按下左键拖动到另一个点上放开，则进入【双圆规】工具。

③ 按下Shift键，左键拖拉选中两点，则进入【三角板】状态，再单击另外一点，拖动鼠标，可做选中线的平行线或垂直线（图2-34）。

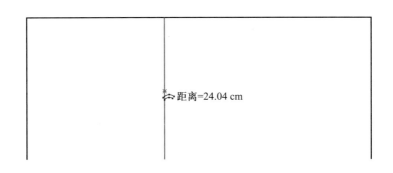

图2-32

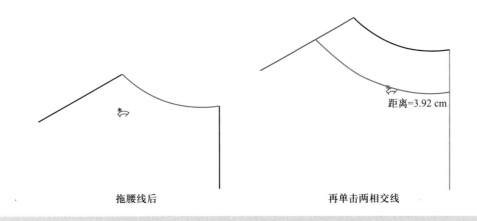

拖腰线后 　　　　　　　　　　再单击两相交线

图2-33

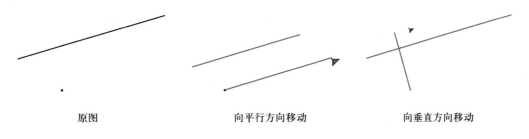

原图 　　　　　　向平行方向移动 　　　　　　向垂直方向移动

图2-34

方式六

① 在关键点上，右键拖拉，则进入【水平垂直线】（右键切换方向）状态（图2-35）。

② 按下Shift键，在关键点上，右键拖拉点，则进入【偏移点/偏移线】（用右键切换保留点/线）状态。按回车键，取【偏移点】（图2-36）。

8. ▢矩形

（1）功能：用来做矩形结构线、纸样内的矩形辅助线。

（2）操作：

① 用该工具在工作区空白处或关键点上单击左键，当光标显示X、Y时，输入长与宽的尺寸（用回车敲定长与宽，最后回车确定）。

② 也可以拖动鼠标后，再次单击左键，弹出【画矩形】对话框，在对话框中输入适当的数值，单击【确定】即可。

③ 用该工具在纸样上做出的矩形，为纸样的辅助线。

9. ⌐圆角

（1）功能：在不平行的两条线上，做等距或不等距圆角，用于制作西服前幅底摆，

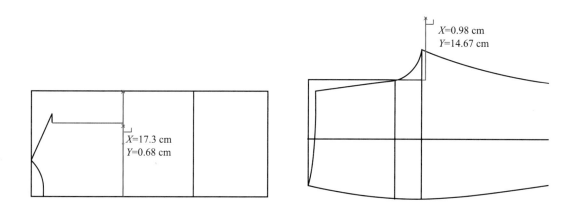

图2-35

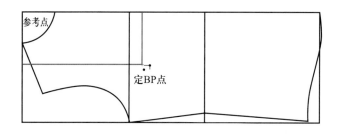

图2-36

圆角口袋。适用于纸样、结构线。

（2）操作：

① 用该工具分别单击或框选要做圆角的两条线（图2-37中的线1、线2）。

② 在线上移动光标，此时按Shift键在曲线圆角与圆弧圆角间切换，单击右键，光标可在 ⌐ 与 ⌐ 之间切换（⌐ 为切角保留，⌐ 为切角删除）。

③ 再单击弹出的对话框，输入适合的数据，单击【确定】即可。

10. ⌒ 三点圆弧

（1）功能：过三点可画一段圆弧线或画三点圆，适用于画结构线、纸样辅助线。

（2）操作：

① 按Shift键在三点圆 ⊙ 与三点圆弧 ⤜ 之间切换。

② 切换成 ⊙ 光标后，分别单击三个点即可画出一个三点圆。

③ 切换成 ⤜ 光标后，分别单击三个点即可画出一段圆弧线。

11. ⌒ CR圆弧

（1）功能：画圆弧、画圆，适用于画结构线、纸样辅助线。

（2）操作：

① 按Shift键在CR圆 ⊙ 与CR圆弧 ⌒ 之间切换。

② 光标为 ⊙ 时，在任意一点单击定圆心，拖动鼠标再单击，弹出【半径】对话框；输入圆的适当半径，单击【确定】即可。

12. ✈ 角度线

（1）功能：作任意角度线，过线上或线外一点作垂线、作切线或平行线，适用于在结构线、纸样上操作。

（2）操作：

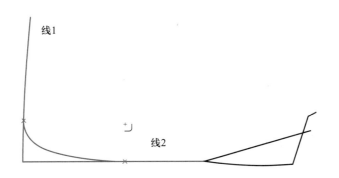

图2-37

方式一　在已知直线或曲线上作角度线：

① 如图2-38所示，点C是线AB上的一点。先单击线AB，再单击点C，此时出现两条相互垂直的参考线，按Shift键，两条参考线在图2-38与图2-39之间切换。

② 在图2-38与图2-39两图任一情况下，单击右键切换角度起始边，图2-40是图2-38的切换图。

③ 在所需的情况下单击左键，弹出【角度线】对话框，输入线的长度及角度，单击【确定】即可（图2-41）。

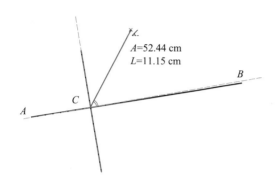

图2-38

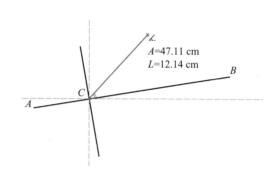

图2-39

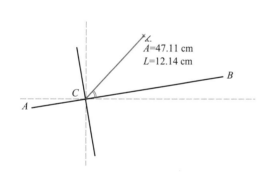

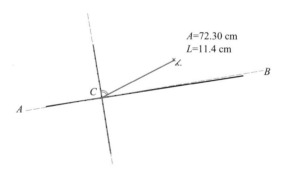

图2-40

方式二　过线上一点或线外一点作垂线：

① 如图2-42和图2-43所示，先单击线，再单击点A，此时出现两条相互垂直的参考线，按Shift键，使参考线与所选线重合。

② 移动光标靠近与所选线垂直的参考线，光标会自动吸附在参考线上，单击左键，在弹出的对话框中输入垂直线的长度，单击【确定】即可。

图2-41

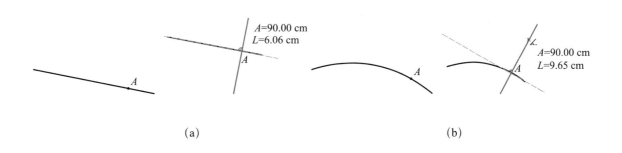

(a)　　　　　　　　　　　　　　　(b)

图2-42

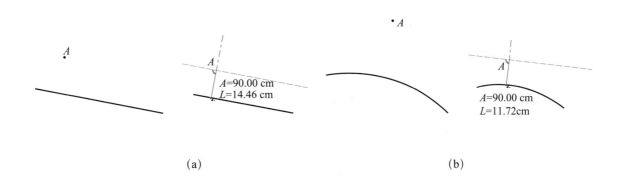

(a)　　　　　　　　　　　　　　　(b)

图2-43

方式三　过线上一点作该线的切线或过线外一点作该线的平行线：

① 如图2-44所示，先单击线，再单击点A，此时出现两条相互垂直的参考线，按Shift键，使参考线与所选线相切或平行。

② 移动光标使其与所选线相切或平行的参考线靠近，光标会自动吸附在参考线上，单击左键，弹出【角度线】对话框，输入平行线或切线的长度，单击【确定】即可（图2-45）。

（3）【角度线】对话框参数说明：【长度】指所作线的长度；⟋⟍指所作的角度；【反方向角度】勾选后，⟋⟍里呈现的角度为360°与原角度的差。

13. ⟋ 点到圆或两圆之间的切线

（1）功能：作点到圆或两圆之间的切线，可在结构线上操作也可以在纸样的辅助线上操作。

（2）操作：单击点或圆，单击另一个圆，即可作出点到圆或两个圆之间的切线。

14. ⟋ 等分规

（1）功能：在线上加等分点、在线上加反向等距点，在结构线上或纸样上均可操作。

（2）操作：

① 用Shift键可切换 ⟋（等分拱桥）光标与 ⟋（等分线段）光标（也可用右键来切换 ⟋ 光标与 ⟋ 光标，等分线段即在线段上加等分点）。

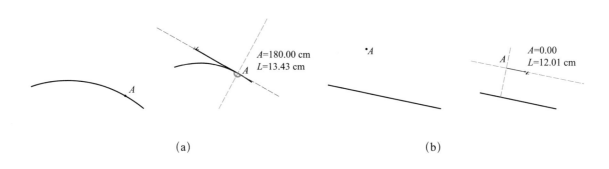

(a)　　　　　　　　　　　(b)

图2-44

图2-45

② 在线上加反向等距点：单击线上的关键点，沿线移动鼠标再单击，在弹出的【线上反向等分点】对话框中输入数据，单击【确定】即可（图2-46）。

③ 等分线段：在快捷工具栏等分数中输入份数，再用左键在线上单击即可。如需在局部线上加等分点或等分拱桥，单击线的一个端点后，在线中单击一下，再单击另外一端即可（图2-47）。

15. 点

（1）功能：在线上定位加点或空白处加点。适用于纸样、结构线。

（2）操作：用该工具在要加点的线上单击，靠近端点处会出现亮星，并弹出【点的位置】对话框，输入数据，单击【确定】即可。

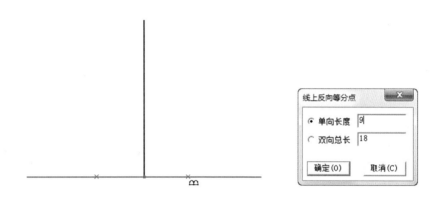

图2-46

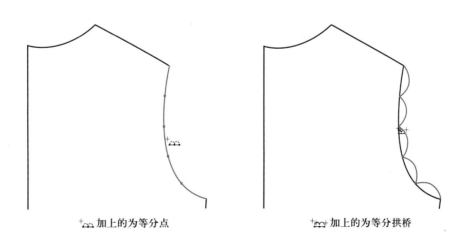

图2-47

16. Ａ 圆规

（1）功能：

① 单圆规：作从关键点到一条线上的定长直线，常用于画肩斜线、夹直、裤子后腰、袖山斜线等。在纸样、结构线上都能操作。

② 双圆规：通过指定两点，同时作出两条指定长度的线，常用于画袖山斜线、西服驳头等。在纸样、结构线上都能操作。

（2）操作：

① 单圆规：以后片肩斜线为例，使用该工具，单击领宽点，释放鼠标，再单击落肩线，弹出【单圆规】对话框，输入小肩的长度，单击【确定】即可（图2-48）。

② 双圆规：以袖山高为例，分别单击袖肥的两个端点A点和B点，向袖肥线的一边拖动并单击，弹出【双圆规】对话框，输入第1边和第2边的数值，单击【确定】，则可确定袖山高点（图2-49）。

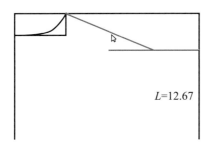

图2-48

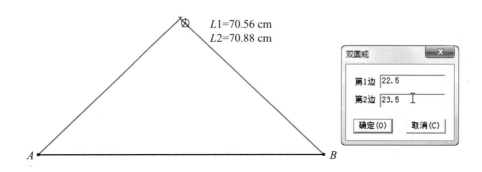

图2-49

17. ✂ 剪断线

（1）功能：用于将一条线从指定位置断开，变成两条线，或把多段线连接成一条线。可以在结构线上操作，也可以在纸样辅助线上操作。

（2）剪断操作：用该工具在需要剪断的线上单击，线变色，再在非关键点上单击，弹出【点的位置】对话框，输入恰当的数值，单击【确定】即可。如果选中的点是关键点（如等分点或两线交点或线上已有的点），直接在该位置单击，则不弹出对话框，直接从该点处断开。

（3）连接操作：用该工具框选或分别单击需要连接的线，单击右键即可。

18. ✗ 关联 / 不关联

（1）功能：端点相交的线在用调整工具调整时，关联的两端点会一起调整，不关联的两端点不会一起调整。端点相交的线默认为关联。在结构线、纸样辅助线上均可操作。

（2）操作：

① ✗ 关联工具与 ✗ 不关联工具，两者之间用Shift键来切换。

② 用 ✗ 关联工具框选或分别单击两条线段，即可关联两条线相交的端点（图2-50）。

③ 用 ✗ 不关联工具框选或分别单击两条线段，即可不关联两条线相交的端点（图2-51）。

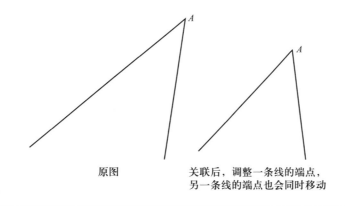

图2-50

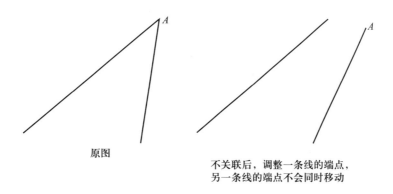

图2-51

19. ✐ 橡皮擦

（1）功能：用来删除结构图上的点、线以及纸样上的辅助线、剪口、钻孔、省褶等。

（2）操作：用该工具直接在点、线上单击即可，如果要擦除集中在一起的点、线，左键框选即可。

20. ⬜ 收省

（1）功能：在结构线上插入省道。只适用于在结构线上操作。

（2）操作：

① 用该工具依次单击收省的边线、省线，弹出【省宽】对话框，在对话框中输入省宽（图2-52）。

② 单击【确定】后，移动鼠标，在省倒向的一侧单击左键（图2-53）。

③ 用左键调整省底线，最后单击右键完成（图2-54）。

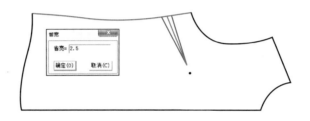

图2-52

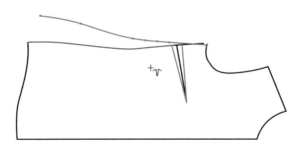

图2-53

图2-54

21. 　加省山

（1）功能：给省道加上省山，仅用于结构线上的操作。

（2）操作：用该工具，依次单击倒向一侧的曲线或直线（如图2-55所示，如省倒向侧缝边，则先单击1，再单击2），再依次单击另一侧的曲线或直线（如图2-55所示，先单击3，再单击4），省山即可补上，如果两个省都向前中线倒，那么则依次单击4、3、2、1，*d*、*c*、*b*、*a*（图2-55）。

22. 　插入省褶

（1）功能：在选中的线段上插入省褶，在纸样、结构线上均可操作，常用于制作泡泡袖、立体口袋等。

（2）有展开示意图的操作：

① 用该工具框选需要插入省的线，单击右键（如果需要插入省的线只有一条，也可以直接单击该线）。

② 框选或单击省线或褶线，单击右键，弹出【指定段的省展开】对话框。

③ 在对话框中输入省量或褶量，选择需要的处理方式，单击【确定】即可（图2-56）。

（3）在原图上展开的操作：用该工具框选需要插入省的线，单击右键两次，弹出【指定段的省展开】对话框（如果需要插入省的线只有一条，也可以在该线上单击左键

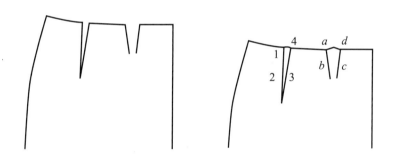

图2-55

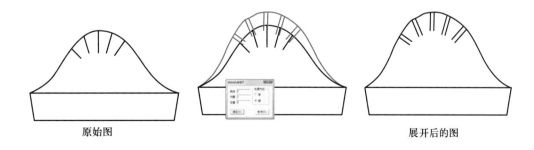

原始图　　　　　　　　　　　　　　　　展开后的图

图2-56

再单击两次右键，弹出【指定段的省展开】对话框），在对话框中输入省量或褶量、省褶长度等，选择需要的处理方式，单击【确定】即可（图2-57）。

23. ✂ 转省

（1）功能：用于将结构线上的省作转移。可以同心转省，也可以不同心转省；可以全部转移也可以部分转移；还可以等分转省。转省后新省尖可以在原位置，也可以不在原位置，此功能适用于在结构线上的转省。

（2）操作：框选所有需要转移的线，单击新省线（如果有多条新省线，可框选）；单击一条线确定合并省的起始边，或单击关键点作为转省的旋转圆心。

① 全部转省：用左键单击合并省的另一边，转省后两省长相等；如果用右键单击合并省的另一边，则新省尖位置不会改变（图2-58）。

② 部分转省：按住Ctrl键，单击合并省的另一边即可（用左键单击另一边，转省后两省长相等，如果用右键单击另一边，则新省尖位置不会改变，见图2-59）。

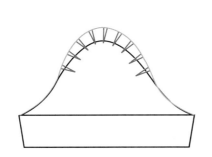

图2-57

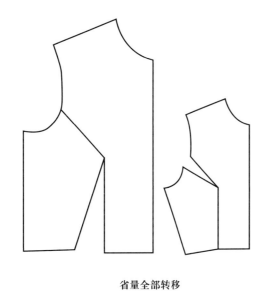

省量全部转移

图2-58

省量部分转移

图2-59

③ 等分转省：输入数字为等分转省的份数，再单击合并省的另一边即可（用左键单击另一边，转省后两省长相等，如果用右键单击另一边，则不修改省尖位置，见图2-60）。

④ 省量全部转移的步骤如图2-61所示。

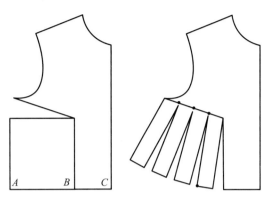

等分转省（要求等分的线AB为独立的一段线）

图2-60

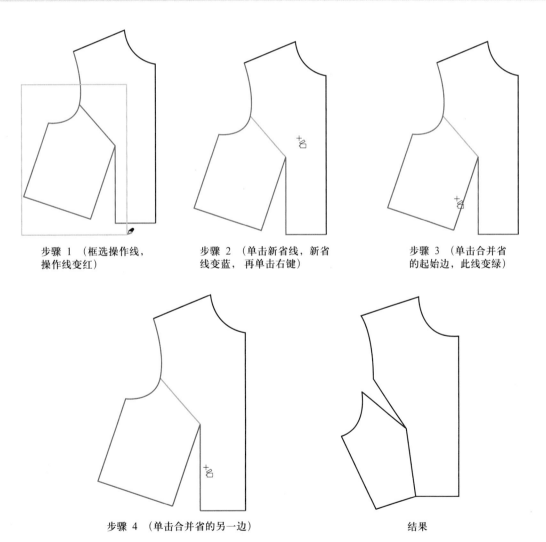

步骤 1（框选操作线，操作线变红）　　步骤 2（单击新省线，新省线变蓝，再单击右键）　　步骤 3（单击合并省的起始边，此线变绿）

步骤 4（单击合并省的另一边）　　　　　　　　　　结果

图2-61

24. ▨褶展开

（1）功能：用褶将结构线展开，同时加入褶的标识及褶底的修正量，只适用于在结构线上操作。

（2）操作：

① 用该工具单击或框选操作线，单击右键结束。

② 单击上段褶线，如有多条则框选并单击右键结束（操作时要靠近固定的一侧，系统会有提示）。

③ 单击下段褶线，如有多条则框选并单击右键结束（操作时要靠近固定的一侧，系统会有提示）。

④ 单击或框选展开线，单击右键，弹出【结构线 刀褶/工字褶展开】对话框（也可以不选择展开线，直接单击右键，这样需要在对话框中输入插入褶的数量）。

⑤ 在弹出的对话框中输入数据，单击【确定】结束（图2-62）。

（3）【结构线 刀褶/工字褶展开】对话框说明：

① 褶线条数：如果没有选择展开线，在该项中可输入褶线条数。

② 上段褶线：第一步框选所有操作线后，先选择为上段褶线。

③ 下段褶线：第一步框选所有操作线后，后选择为下段褶线。

④ 褶线长度：如果输入0，表示按照完整的长度来显示；如果输入不等于0的长度，则按照给定的长度显示。

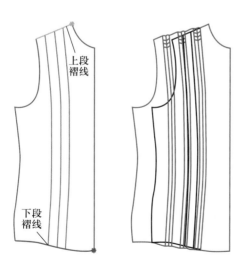

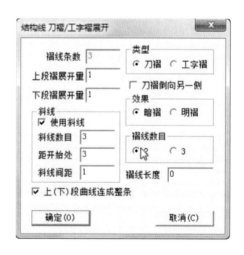

图2-62

25. 🔲 分割/展开/去除余量

（1）功能：对结构线进行修改，可对一组线进行展开或去除余量的操作。常用于对领、荷叶边、大摆裙等的处理。在纸样、结构线上均可操作。

（2）操作：

① 用该工具框选（或单击）所有操作线，单击右键。

② 单击不伸缩线（如果有多条，可框选后再单击右键）。

③ 单击伸缩线（如果有多条，可框选后再单击右键）。

④ 如果有分割线，单击或框选分割线，单击右键确定固定侧，弹出【单向展开或去除余量】对话框（如果没有分割线，单击右键确定固定侧，弹出【单向展开或去除余量】对话框）。

⑤ 输入恰当数据，选择合适的选项，单击【确定】即可（图2-63）。

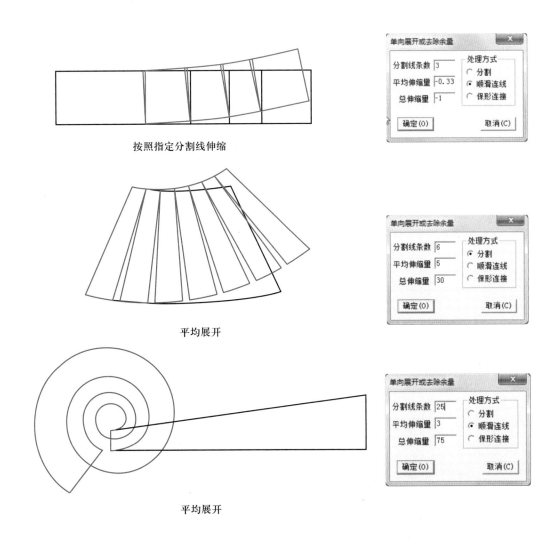

按照指定分割线伸缩

平均展开

平均展开

图2-63

26. 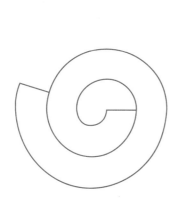荷叶边

（1）功能：做螺旋荷叶边，只针对结构线操作。

（2）操作（有两种情况）：

① 在工作区的空白处单击左键，在弹出的【荷叶边】对话框中，输入数据，单击【确定】即可（图2-64）。

② 单击或框选所要操作的线，单击右键，弹出【荷叶边】对话框，有3种生成荷叶边的方式，选择其中的一种，单击【确定】即可（图2-65）。

27. 比较长度

（1）功能：用于测量一段线的长度、多段线相加所得总长，比较多段线的差值，也可以测量剪口到点的长度。在纸样、结构线上均可操作。

（2）操作：选线的方式有点选（在线上用左键单击）、框选（在线上用左键框选）、拖选（单击线段起点按住鼠标不放，拖动至另一个点）三种方式。

图2-64

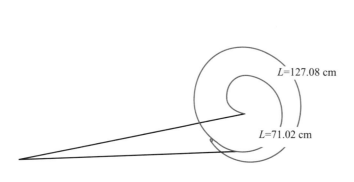

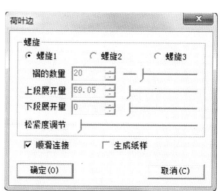

图2-65

① 测量一段线的长度或多段线的长度之和：选择该工具，弹出【长度比较】对话框，在长度、水平X、垂直Y选项上选择需要的选项，选择需要测量的线，长度即可显示在表中。

② 比较多段线的差值，比较袖山弧长与前后袖窿的差值：选择该工具，弹出【长度比较】对话框，选择【长度】选项；单击或框选袖山曲线后单击右键，再单击或框选前后袖窿曲线。表中【L】为容量（图2-66）。

（3）【长度比较】对话框参数说明：

① L：表示【统计＋】与【统计－】的差值。

② DL（绝对档差）：表示L中各码与基码的差值。

③ DDL（相对档差）：表示L中各码与相邻码的差值。

④【统计＋】：单击右键前选择的线长总和。

⑤【统计－】：单击右键后选择的线长总和。

⑥ ⌒长度 如果选中的线为曲线，这里就是曲度长度；如果选中的线为直线，这里就是直线长度。

⑦ ⌒水平X 指选中线两端的水平距离。

⑧ ⌒垂直Y 指选中线两端的垂直距离。

⑨ 清 除 单击可删除选中表文本框中的数据。

⑩ 记 录 单击可把L下边的差值记录在"尺寸变量"中，当记录两段线（包括两段线）以上的数据时，会自动弹出【尺寸变量】对话框。

⑪ 打 印 单击可打印当前的统计数值与档差。

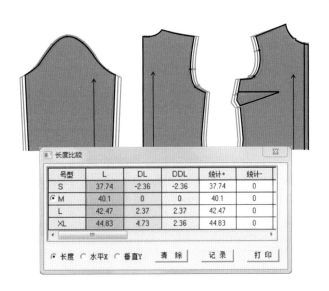

图2-66

28. ⌐ 测量两点间距离

（1）功能：用于测量两点（可见点或非可见点）间的距离，或点到线的直线距离、水平距离、垂直距离，两点多组间距离总和或两组间距离的差值。在纸样、结构线上均能操作。在纸样上可以匹配任何号型。

（2）操作：

① 测量肩点至中心线的垂直距离：切换成该工具后，分别单击肩点与中心线，弹出的【测量】对话框中即可显示两点间的距离、水平距离、垂直距离（图2-67）。

② 测量半胸围：切换成该工具后，先分别单击点A与中心线c，再分别单击点B与中心线d，【测量】对话框中即可显示两点间的距离、水平距离、垂直距离（图2-68）。

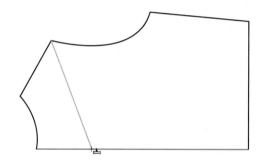

图2-67

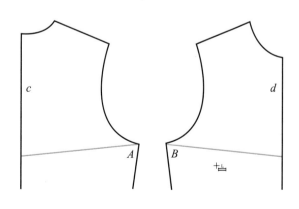
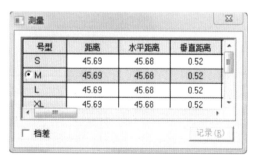

图2-68

③ 测量前腰围与后腰围的差值：

a. 用该工具分别单击点A、点B，点C、点D，单击右键。

b. 再分别单击点E、点F，点G、前中心线，【测量】对话框中即可显示两点间的距离、水平距离、垂直距离（图2-69）。

29. 量角器

（1）功能：在纸样、结构线上均能操作。

① 测量一条线的水平夹角、垂直夹角。

② 测量两条线的夹角。

③ 测量由三点形成的角。

④ 测量通过两点形成的水平角、垂直角。

（2）操作：

方式一　用左键框选或点选需要测量的一条线，单击右键，弹出【角度测量】对话框。可测量肩斜线AB的角度（图2-70）。

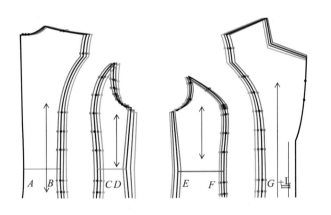
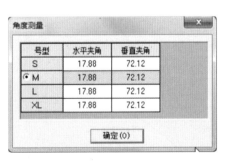

图2-69

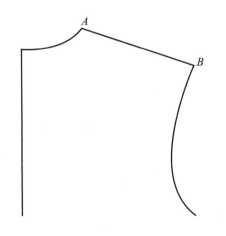

图2-70

方式二　框选或点选需要测量的两条线，单击右键，弹出【角度测量】对话框，显示的角度为选中的两条线的夹角。如图2-71所示，可测量后幅肩斜线与袖窿线夹角的角度。

方式三　测量点A、点B、点C三点形成的角度，先单击点A，再分别单击点B、点C，弹出【角度测量】对话框，即可测量点A的角度，如图2-72所示。

方式四　按下Shift键，单击需要测量的两点，即可弹出【角度测量】对话框。如图2-73所示即可测量点A、点B的水平夹角、垂直夹角。

图2-71

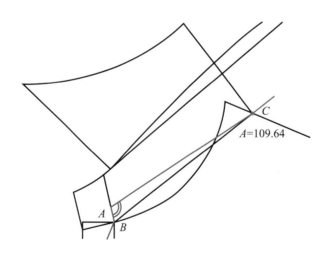

图2-72

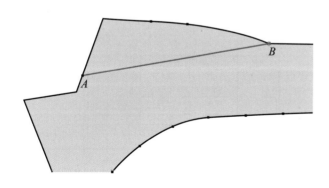 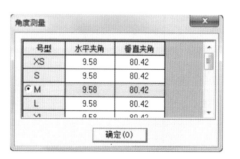

图2-73

30. ⬚ 旋转

（1）功能：用于旋转复制或旋转一组点或线。适用于结构线与纸样辅助线。

（2）操作：单击或框选需要旋转的点或线，单击右键，再单击一点，以该点为轴心点，然后单击任意点为参考点，拖动鼠标旋转到目标位置。

（3）说明：该工具默认为旋转复制，光标为 ⁺ᵪ²，旋转复制与旋转用Shift键来切换，旋转光标为 ⁺ᵧ 。

31. ⬚ 对称

（1）功能：根据对称轴对称复制或对称移动结构线或纸样。

（2）操作：该工具可以在某一条线上或在空白处单击两点，作为对称轴，框选或单击所需复制的点线或纸样，单击右键完成对称。

（3）说明：该工具默认为对称复制，光标为 ⁺ᵪ²，对称复制与对称移动用Shift键来切换，对称移动光标为 ⁺ₐ；对称轴默认画出的是水平线或垂直线或45°方向的线，单击右键可以切换成任意方向。

32. ⬚ 移动

（1）功能：用于复制或移动一组点、线、扣眼、扣位等。

（2）操作：

① 用该工具框选或点选需要复制或移动的点线，单击右键完成选择。

② 单击任意一个参考点，将选择内容拖动到目标位置后单击即可。

③ 如单击任意参考点后，单击右键，选中的线在水平方向或垂直方向上镜像翻转（图2-74）。

（3）说明：该工具默认为复制，光标为 ⁺ᵪ²，复制与移动用Shift键来切换，移动光标为 ⁺ₐ；按下Ctrl键，在水平或垂直方向上移动；复制或移动时按Enter键，弹出【位置偏

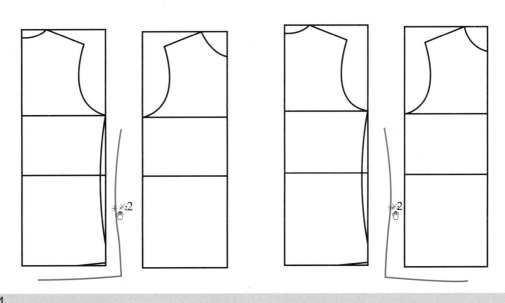

图2-74

移】对话框；纸样边线只能复制不能移动，即使在移动功能下移动边线，原来纸样的边线也不会被删除。

33. 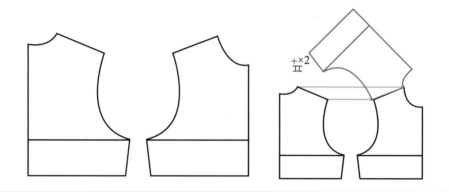 对接

（1）功能：用于把一组线向另一组线对接，如把后幅的线对接到前幅上。

（2）操作：

方式一

① 用该工具让光标靠近领宽点并单击后幅肩斜线（图2-75）。

② 再单击前幅肩斜线，光标靠近领宽点，单击右键。

③ 框选或单击后幅需要对接的点线，最后单击右键完成。

方式二

① 用该工具依次单击1、2、3、4点。

② 再框选或单击后幅需要对接的点线，单击右键完成（图2-76）。

图2-75

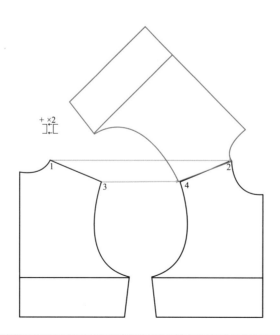

图2-76

说明：该工具默认为对接复制，光标为 ⁺ᵗ✂ ，对接复制与对接用Shift键来切换，对接光标为 ⁺π̟ 。

34. ✂ 剪刀

（1）功能：用于从结构线或辅助线上拾取纸样。

（2）操作：

方式一　用该工具单击或框选围成纸样的线，最后单击右键，系统按最大区域形成纸样（图2-77）。

方式二　按住Shift键，用该工具单击形成纸样的区域，则有颜色填充，可连续单击多个区域，最后单击右键完成（图2-78）。

方式三　用该工具单击线的某端点，按一个方向单击轮廓线，直至形成闭合的图形。拾取时如果后面的线变成绿色，单击右键则可将后面的线一起选中，完成拾样（图2-79）。

单击线、框选线、按住Shift键单击区域填色，第一次操作都为选中，再次操作都为取消选中，三种操作方式都是通过最后单击右键形成纸样。

（3）说明：选中剪刀，单击右键可切换成"拾取衣片辅助线"工具。

35. ⁺✂ 拾取衣片辅助线

（1）功能：从结构线上为纸样拾取内部线。

（2）操作：

① 选择剪刀工具，单击右键，光标变成 ⁺✂ 。

② 单击纸样，相对应的结构线变为蓝色。

③ 用该工具单击或框选所需线段，单击右键即可。

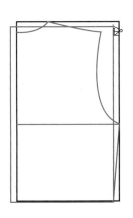

图2-77

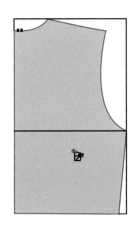

图2-78

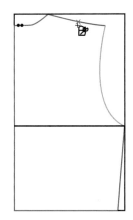

图2-79

④ 如果希望将边界外的线拾取为辅助线，可在直线上点选两个点，在曲线上单击3个点来确定。

（3）说明：在该工具状态下，按住Shift键，单击右键可弹出【纸样资料】对话框。

36. 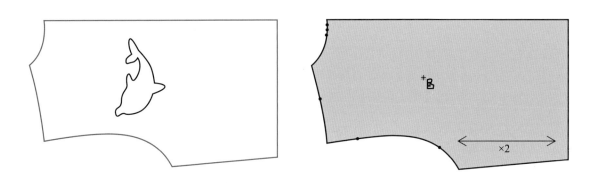 拾取内轮廓

（1）功能：在纸样内挖空心图，可以在结构线上拾取，也可以将纸样内的辅助线形成的区域挖空。

（2）操作：

方式一　在结构线上拾取内轮廓：

① 用该工具在工作区纸样上双击右键选中纸样，纸样的原结构线变色（图2-80）。

② 单击或框选要生成内轮廓的线。

③ 最后单击右键（图2-81）。

方式二　将纸样内辅助线形成的区域挖空：

① 用该工具单击或框选纸样内的辅助线。

② 最后单击右键完成（图2-82）。

图2-80

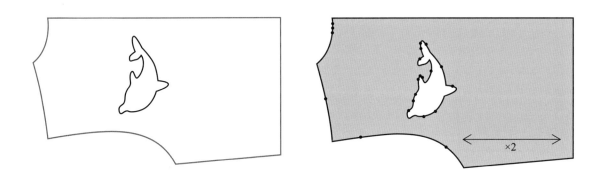

图2-81

37. 设置线的颜色和类型

（1）功能：用于修改结构线的颜色、类型以及纸样辅助线的线类型与输出类型。

说明：□——□用来设置粗细实线及各种虚线；□∿∿□用来设置各种线类型；□—✎□用来设置纸样内部线的状态是绘制、切割，还是半刀切割。

（2）操作：

① 选中线类型设置工具，快捷工具栏右侧会弹出颜色、线类型及切割画的选择框。

② 选择合适的颜色、线类型等。

③ 用左键单击线或左键框选线，可设置线类型及切割状态。

④ 用右键单击线或右键框选线，可设置线的颜色。

（3）说明：如果要把原来的细实线改成虚线、长城线，可以选中该工具，用□——□选择适合的虚线，用□∿∿□选择长城线，再单击或框选需要修改的线即可。

38. 加入/调整工艺图片

（1）功能：

① 与【文档】菜单的【保存到图库】命令配合，制作工艺图片。

② 调出并调整工艺图片。

③ 可复制位图应用于办公软件中。

（2）操作：

① 用该工具分别单击或框选需要制作的工艺图的线条，单击右键即可看见图形被一个虚线框框住。

② 单击【文档】→【保存到图库】命令。

③ 弹出【保存工艺图库】对话框，选好路径，在文件栏内输入图的名称，单击【保存】即可增加一个工艺图。

（3）说明：用该工具第一次单击或框选点、线或字符串时为选中，再次单击或框选为取消选中。

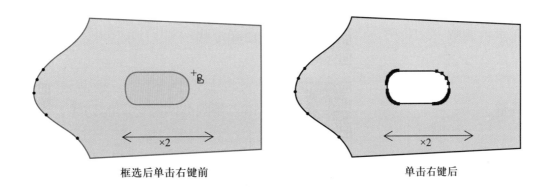

框选后单击右键前　　　　　　　　　　单击右键后

图2-82

39. **T 加文字**

（1）功能：用于在结构图上或纸样上加文字、移动文字、修改或删除文字，且各个码上的文字可以不一样。

（2）操作：

① 加文字：用该工具在结构图或纸样上单击，弹出【文字】对话框，输入文字，单击【确定】即可；按住鼠标左键拖动，可根据所画线的方向确定文字的角度。

② 移动文字：用该工具在文字上单击，文字被选中，拖动鼠标移至恰当的位置再次单击即可。

③ 修改或删除文字，有两种操作方式：把该工具光标移到需修改的文字上，当文字变亮后单击右键，弹出【文字】对话框，修改或删除文字后，单击【确定】即可；把该工具移在文字上，字变亮后，按Enter键，弹出【文字】对话框，选中需修改的文字输入正确的信息即可，按Delete键，即可删除文字，按方向键可移动选中文字的位置。

设计工具栏使用介绍

01 调整工具	08 矩形
02 合并调整	09 圆角
03 对称调整	10 三点圆弧
04 省褶合起调整	11CR 圆弧
05 曲线定长调整	12 角度线
06 线调整	13 点到圆或两圆之间的切线
07 智能笔	14 等分规

15 点

16 圆规

17 剪断线

18 关联　不关联

19 橡皮擦

20 收省

21 加省山

22 插入省褶

23 转省

24 褶展开

25 分割　展开　去除余量

26 荷叶边

27 比较长度

28 测量两点间距离

29 量角器

30 旋转

31 对称

32 移动

33 对接

34 剪刀

35 拾取衣片辅助线

36 拾取内轮廓

37 设置线的颜色类型

38 加入　调整工艺图片

39 加文字

任务四　纸样工具栏

序号	图标	名称	快捷键	序号	图标	名称	快捷键
1		选择纸样控制点		13		比拼行走	
2		缝迹线		14		布纹线	
3		绗缝线		15		旋转衣片	
4		加缝份		16		水平/垂直翻转	
5		做衬		17		水平/垂直校正	
6		剪口		18		重新顺滑曲线	
7		袖对刀		19		曲线替换	
8		眼位		20		纸样变闭合辅助线	
9		钻孔		21		分割纸样	
10		褶		22		合并纸样	
11		V形省		23		纸样对称	
12		锥形省		24		缩水	

1. 选择纸样控制点

（1）功能：用来选中纸样，选中纸样轮廓线上的点，选中辅助线上的点，修改点的属性。

（2）操作：

① 选中纸样：用该工具在纸样上单击即可。如果要同时选中多个纸样，只要框选各纸样的一个放码点即可。

② 选中纸样轮廓线上的点：

a. 选单个放码点，用该工具在放码点上单击或框选。

b. 选多个放码点，用该工具在放码点上框选或按住Ctrl键在放码点上一个一个单击。

c. 选单个非放码点，用该工具在非放码点上单击。

d. 选多个非放码点，按住Ctrl键在非放码点上一个一个单击。

e. 按住Ctrl键，第一次在点上单击为选中，再次单击为取消选中。

f. 同时取消选中点，按Esc键或用该工具在空白处单击。

g. 选中一个纸样上的相邻点，如图2-83所示选袖窿上的点，用该工具在点A上按下鼠标左键拖至点B再松手，图2-84所示为选中状态。

③ 辅助线上的放码点与边线上的放码点重合时：

a. 用该工具在重合点上单击，选中的为边线点。

b. 在重合点上框选，边线放码点与辅助线放码点全部选中。

c. 按住Shift键，在重合位置单击或框选，选中的是辅助线放码点。

④ 修改点的属性：在需要修改的点上双击，会弹出【点属性】对话框，修改之后单击【采用】即可。如果选中的是多个点，按回车键即可弹出【点属性】对话框（图2-85）。

（3）技巧：用该工具在重合点上单击右键，则可使该点在放码点与非放码点间切换，如果只在转折点与曲线点之间切换，可用Shift+右键。

2. 缝迹线

（1）功能：在纸样边线上加缝迹线、修改缝迹线。

（2）操作：

① 加定长缝迹线：用该工具在纸样某边线点上单击，弹出【缝迹线】对话框，选择所需缝迹线，输入缝迹线长度及间距，单击【确定】即可。如果需要修改该点已有缝迹线，那么在弹出对话框中修改当前的缝迹线数据即可。

② 在一段线或多段线上加缝迹线：用该工具框选或单击一段或多段边线后单击右键，在弹出的【缝迹线】对话框中选择所需缝迹线，输入线间距，单击【确定】即可。

③ 在整个纸样上加相同的缝迹线：用该工具单击纸样的一个边线点，在【缝迹线】对话框中选择所需缝迹线，缝迹线长度输入0即可。或用操作②的方法，框选所有的线后单击右键。

④ 在两点间加不等宽的缝迹线：用该工具顺时针选择一段线，即在第一控制点按下鼠标左键，拖动到第二个控制点上松开，弹出【缝迹线】对话框，选择所需缝迹线，输入线间距，单击【确定】即可。如果这两个点中已经有缝迹线，那么会在对话框中显

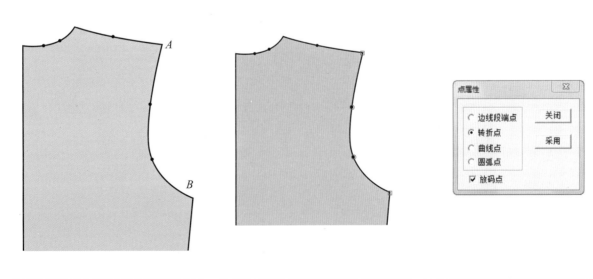

图2-83　　　　　　　　图2-84　　　　　　　　图2-85

示当前的缝迹线数据，修改即可。

⑤ 删除缝迹线：用橡皮擦单击即可，也可以在直线类型与曲线类型中选第一种无线类型。

（3）【定长缝迹线】参数说明：A表示第1条线距边线的距离，A大于0表示缝迹线在纸样内部，小于0表示缝迹线在纸样外部；B表示第2条线与第1条线的距离，计算的时候取其绝对值；C表示第3条线与第2条线的距离，计算的时候取其绝对值（图2-86）。

（4）【两点间缝迹线】参数说明：【A1】【A2】：表示第1条线距边线的距离，大于0表示缝迹线在纸样内部，小于0表示缝迹线在纸样外部；【B1】【B2】：表示第2条线与第1条线的距离，计算的时候取其绝对值；【C1】【C2】：表示第3条线与第2条线的距离，计算的时候取其绝对值。这3条线或在边界内部，或在边界外部。在两点之间添加缝迹线时，可做出起点、终点距边线不相等的缝迹线，并且缝迹线中的曲线高度都是统一的，不会出现拉伸（图2-87）。

3. 绗缝线

（1）功能：在纸样上添加绗缝线、修改绗缝线。

（2）添加绗缝线操作：

① 用该工具单击纸样，纸样边线变色（图2-88）。

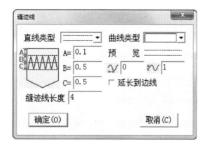

图2-86

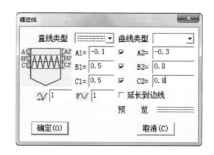

图2-87

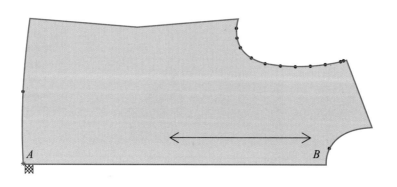

图2-88

② 单击参考线的起点、终点（可以是边线上的点，也可以是辅助线上的点），弹出【绗缝线】对话框（图2-89）。

③ 选择合适的线类型，输入恰当的数值，单击【确定】即可（图2-90）。

4. 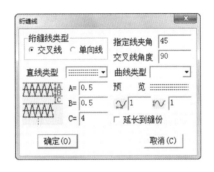 加缝份

（1）功能：用于给纸样加缝份或修改缝份量及切角。

（2）操作：

① 纸样所有边加（修改）相同缝份：用该工具在任一纸样的边线上单击，在弹出的【衣片缝份】对话框中输入缝份量，选择所需选项，单击【确定】即可（图2-91）。

图2-89

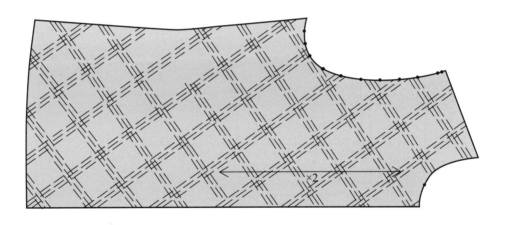

图2-90

图2-91

② 多段边线上加（修改）相同缝份量：用该工具同时框选或单独框选加相同缝份的线段，单击右键弹出【加缝份】对话框，输入缝份量，选择适当的切角，单击【确定】即可（图2-92）。

③ 先定缝份量，再单击纸样边线加（修改）缝份量：选中该工具后，敲数字键后按回车键，再用鼠标在纸样边线上单击，缝份量即被加放或更改（图2-93）。

④ 单击边线加缝份量：用该工具在纸样边线上单击，在弹出的【加缝份】对话框中输入缝份量，单击【确定】即可。

⑤ 拖选边线点加（修改）缝份量：用该工具在1点上按住鼠标左键拖至3点上松手，在弹出的【加缝份】对话框中输入缝份量，单击【确定】即可（图2-94）。

⑥ 修改单个角的缝份切角：用该工具在需要修改的点上单击右键，会弹出【拐角缝份类型】对话框，选择恰当的切角，单击【确定】即可（图2-95）。

⑦ 修改两边线等长的切角：在选中该工具的状态下按Shift键，光标变为 后，分别在靠近切角的两边上单击即可（图2-96）。

（3）【加缝边】对话框参数说明：下面详细讲解【加缝份】对话框中缝份拐角类型的含义。涉及的缝边都以斜角处为分界，按照顺时针方向来区分，图 ▼ 或 ◣ 指没有加缝份的净纸样上的一个拐角，1边、2边是指净样边。

① 1边、2边相交：缝边自然延伸并相交，不做任何处理，为最常用的一种缝份（图2-97）。

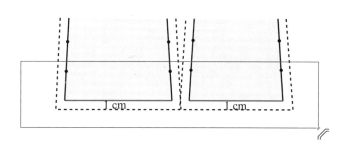

图2-92

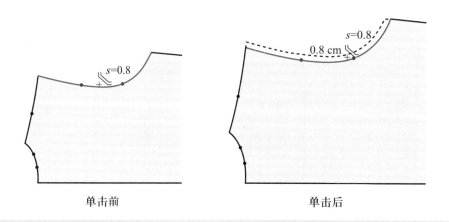

单击前　　　　　　　　单击后

图2-93

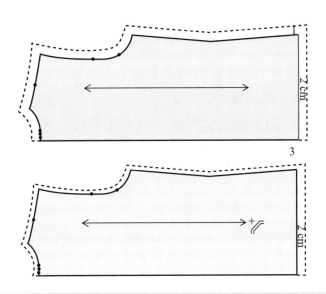

图2-94

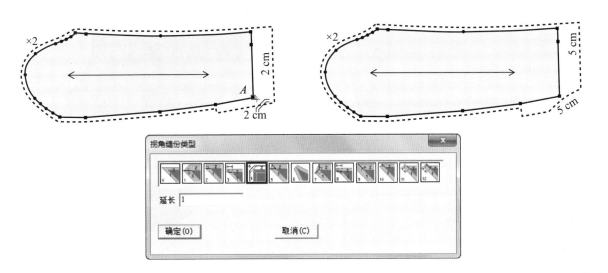

图2-95

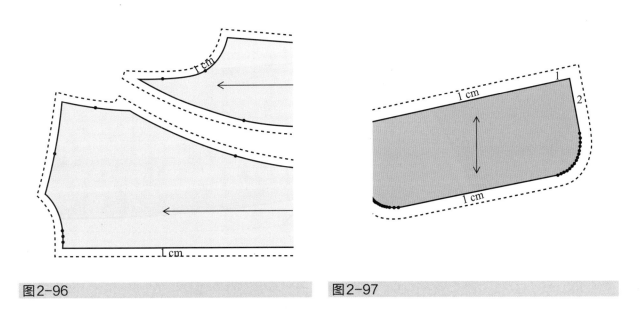

图2-96

图2-97

② ◣按2边对幅：用于做裤脚、底边、袖口等。将2边的缝边对折起来，并以1、3边的缝边为基准修正切角（图2-98）。

③ ▛2边90°角：2边延长与1边的缝边相交，过交点作2边缝边的垂线与1边缝边相交切掉尖角，多用于公主线袖窿处（图2-99）。

④ ◪角平分线切角：用于做领尖等处。沿角平分线的垂线方向切掉尖角，并可在长度栏内输入该图标中红色线段的长度值（图2-100）。

⑤ ◪斜切角：用于做袖衩、裙衩处的拐角缝边，可以在"终点延长"栏内输入该图标中红色线段以外的长度值，即倒角缝份宽（图2-101）。

⑥ ◪2边定长：1边缝边延长至2边的延长线上，2边缝份根据长度栏内输入的长度画出，并做延长线的垂线（图2-102）。

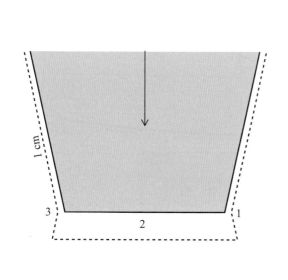

图2-98

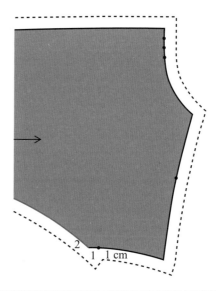

图2-99

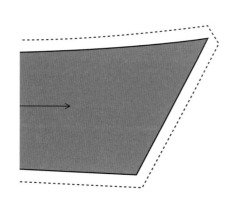

图2-100

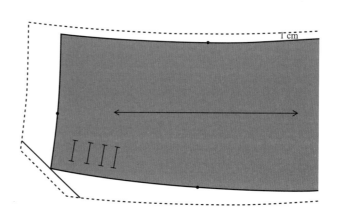

图2-101

⑦ ▥2边定长1边垂直：过拐角O分别作1边、2边的垂线OB、OA，过O点作2边的定长线（延长线）OC（示意图为3.5 cm），再连接AD、BC，多用于公主线及两片袖的袖窿处（图2-103）。

⑧ ▥按1边对幅：可参考按2边对幅。

⑨ ▥1边90°角：可参考2边90°角。

⑩ ▥1边定长：可参考2边定长。

⑪ ▥1边定长2边垂直：可参考2边定长1边垂直。

⑫ ▥1边、2边垂直切角：1边、2边沿拐角分别各自向缝边做垂线，沿交点连线方向切掉尖角。

⑬ ▥1边、2边切刀眼角：1边、2边延长线交于缝边，沿交点连线方向切掉尖角。

5. ▥做衬

（1）功能：用于在纸样上做朴样、贴样。

（2）操作：

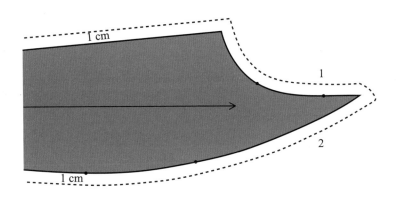

图2-102

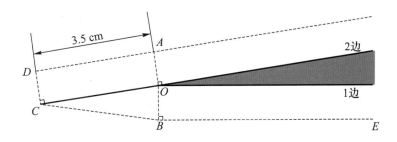

图2-103

方式一　在多个纸样上加数据相等的朴、贴：用该工具框选纸样边线后单击右键，在弹出的【衬】对话框中输入合适的数据即可（图2-104）。

方式二　在整个纸样上加衬：用该工具单击纸样，纸样边线变色，并弹出【衬】对话框，输入数值，单击【确定】即可（图2-105）。

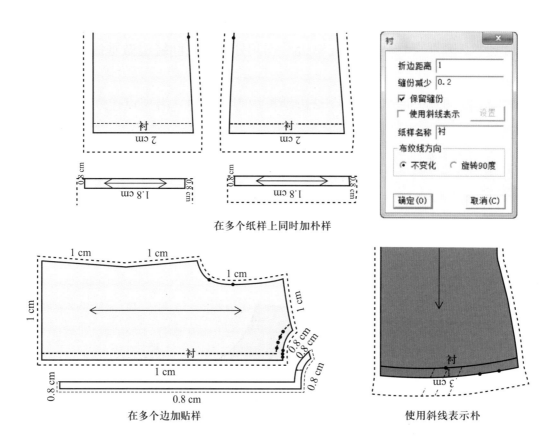

在多个纸样上同时加朴样

在多个边加贴样　　　　使用斜线表示朴

图2-104

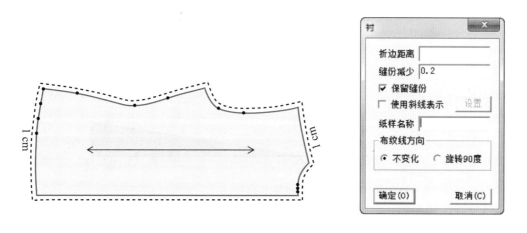

图2-105

（3）【衬】参数说明：【折边距离】输入的数为正数，所做的贴或衬是以选中线向纸样内部进去的距离；如果为负数，所做的贴或衬是以选中线向纸样外部出去的距离。【缝份减少】输入的数为正数，做出的新纸样的缝份减少，如果为负数，做出的新纸样的缝份增加。【保留缝份】勾选，所做新纸样有缝份，反之，所做新纸样无缝份。【使用斜线表示】勾选，做完朴后原纸样上以斜线表示，反之，则没有斜线显示在原纸样上。【纸样名称】如果在此对话框输入朴，而原纸样名称为前幅，则新纸样的名称为前幅朴，并且在原纸样加朴的位置显示"朴"字。【布纹线方向】选择"不变化"，新纸样的布纹线与原纸样一致。选择"旋转90度"，新纸样的布纹线在原纸样的布纹线上旋转了90度（图2-105）。

6. 剪口

（1）功能：在纸样边线上加剪口、拐角处加剪口及辅助线指向边线的位置加剪口，调整剪口的方向，对剪口放码，修改剪口的定位尺寸及属性。

（2）操作：

方式一　在控制点上加剪口。用该工具在控制点上单击即可。

方式二　在一条线上加剪口。用该工具单击线或框选线，弹出【剪口】对话框，选择适当的选项，输入合适的数值，单击【确定】即可。

方式三　在多条线上同时加等距剪口。用该工具在需加剪口的线上框选后，单击右键，弹出【剪口】对话框，选择适当的选项，输入合适的数值，单击【确定】即可（图2-106）。

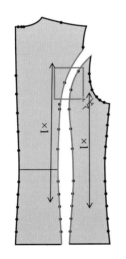
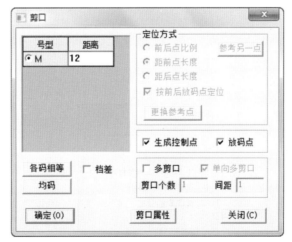
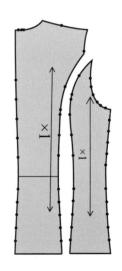

图2-106

方式四　在两点间加等分剪口：用该工具拖选两个点，弹出【比例剪口、等分剪口】对话框，选择等分剪口，输入等分数目，单击【确定】即可在选中的线段上加上等分剪口（图2-107）。

方式五　在拐角加剪口：

① 用Shift键把光标切换为拐角光标 ，单击纸样上的拐角点，在弹出的【拐角剪口】对话框中输入正常缝份量，单击【确定】后缝份不等于正常缝份量的拐角处都会统一加上拐角剪口（图2-108）。

② 框选拐角点即可在拐角点处加上拐角剪口，可同时在多个拐角处同时加拐角剪口（图2-109）。

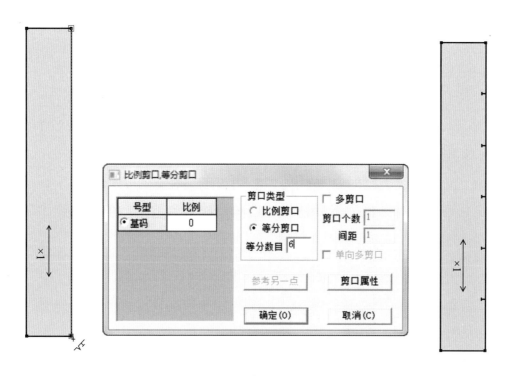

图2-107

图2-108

③ 框选或单击线的"中部"，则在线的两端自动添加剪口；框选或单击线的一端，则在线的一端添加剪口（图2-110）。

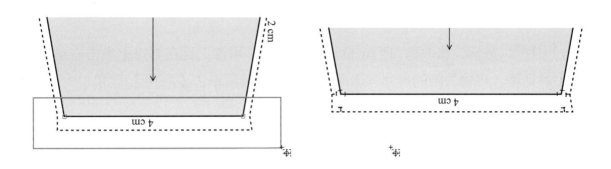

图2-109

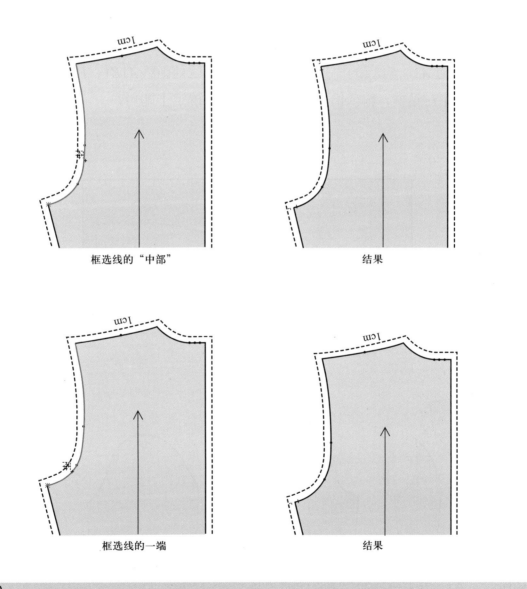

框选线的"中部"　　　　　　结果

框选线的一端　　　　　　结果

图2-110

方式六　在辅助线指向边线的位置加剪口：用该工具框选辅助线的一端，只在靠近这段的边线上加剪口，如框选辅助线的中间段，则两端同时加剪口。用该工具在已有剪口的辅助线上框选，按Delete键可删除剪口，也可用橡皮擦删除剪口（图2-111）。

（3）调整剪口的角度：用该工具在剪口上单击会拖出一条线，拖至需要的角度单击即可。

（4）对剪口放码、修改剪口的定位尺寸及属性：用该工具在剪口上单击右键，弹出【剪口】对话框，可输入新的尺寸，选择剪口类型，最后单击【应用】即可。

7. 🔲 袖对刀

（1）功能：在袖窿与袖山上同时打剪口，并且在前袖窿、前袖山上打单剪口，在后袖窿、后袖山打双剪口（图2-112）。

（2）操作（依次选前袖窿线、前袖山线、后袖窿线、后袖山线）：

① 用该工具在靠近A、C点的位置依次单击或框选前袖窿线AB、CD后，单击右键。

② 再在靠近$A1$、$C1$点的位置依次单击或框选前袖山线$A1B1$、$C1D1$后，单击右键。

③ 同样在靠近E、G点的位置依次单击或框选后袖窿线EF、GH后，单击右键。

④ 再在靠近$A1$、$F1$点的位置依次单击或框选后袖山线$A1E1$、$F1D1$后，单击右键，弹出【袖对刀】对话框，输入恰当的数据，单击【确定】即可。

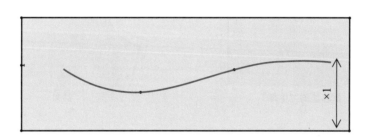

图2-111

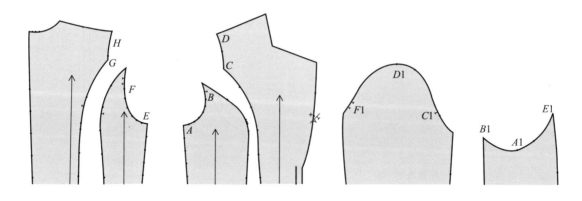

图2-112

8. 眼位

（1）功能：在纸样上加眼位、修改眼位。在放码的纸样上，各码眼位的数量可以相等也可以不相等。此功能还可以加组扣眼。

（2）操作：

① 根据眼位的个数和距离，系统自动画出眼位的位置：用该工具单击前领深点，弹出【加扣眼】对话框，输入起始点偏移量、个数及间距（类型），单击【确定】即可（图2-113）。

② 按鼠标移动的方向确定扣眼角度：用该工具选中参考点按住左键拖动（图2-114），再松开会弹出【加扣眼】对话框。

③ 修改眼位：用该工具在眼位上单击右键，即可弹出【加扣眼】对话框。

9. 钻孔

（1）功能：在纸样上加钻孔（扣位），修改钻孔（扣位）的属性及个数。在放码的纸样上，各码钻孔的数量可以相等也可以不相等。此功能还可加钻孔组。

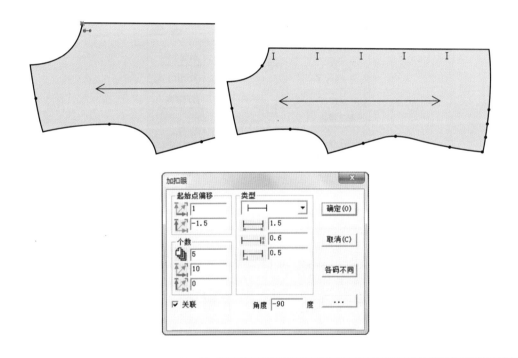

图2-113

图2-114

（2）操作：

① 根据钻孔（扣位）的个数和距离，系统自动画出钻孔（扣位）的位置：用该工具单击前领深点，弹出【钻孔】对话框；输入起始点偏移量、个数及间距，单击【确定】即可（图2-115）。

② 在线上加钻孔（扣位）：放码时只放辅助线的首尾点即可。用钻孔工具在线上单击，弹出【线上钻孔】对话框；输入钻孔的个数及距首尾点的距离，单击【确定】即可（图2-116）。

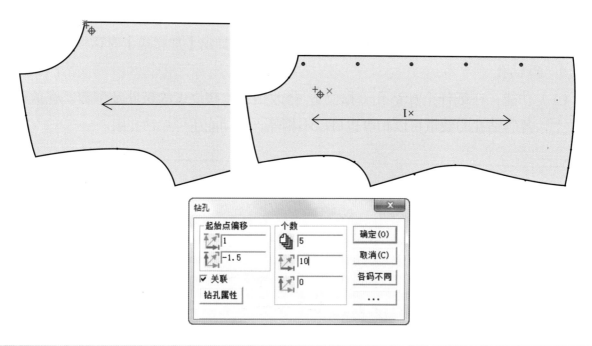

图2-115

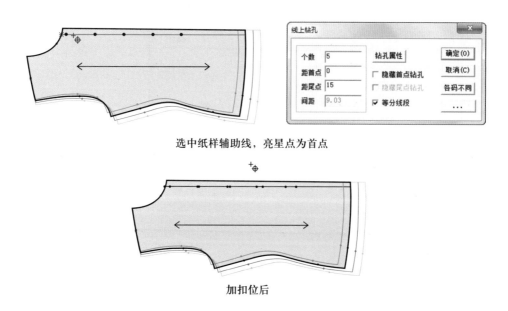

选中纸样辅助线，亮星点为首点

加扣位后

图2-116

③ 在不同的码上，加数量不等的钻孔（扣位）：有在线上加与不在线上加两种情况，下面以在线上加数量不等的扣位为例。在前三个码上加3个扣位，在最后一个码上加4个扣位。

a. 用加钻孔工具，在图2-117所示辅助线上单击，弹出【线上钻孔】对话框。

b. 在扣位的个数中输入3，单击【各码不同】，弹出【各号型】对话框。

c. 在XL码的个数中输入4，单击【确定】，返回【线上钻孔】对话框。

d. 单击【确定】即可（图2-117）。

④ 修改钻孔（扣位）的属性及个数：用该工具在扣位上单击右键，即可弹出【线上钻孔】对话框。

10. 褶

（1）功能：在纸样边线上增加或修改刀褶、工字褶，也可以把在结构线上加的褶用该工具变成褶图元。做通褶时，在原纸样上把褶量加进去，纸样大小会发生变化；如果加的是半褶，只是加了褶符号，纸样大小不改变。

（2）操作：

方式一　纸样上有褶线的：用该工具框选或分别单击褶线，单击右键弹出【褶】对话框，输入上下褶宽、选择褶类型，单击【确定】后，褶合并起来。此时，用该工具调整褶底，满意后单击右键即可（图2-118）。

方式二　纸样上平均加褶的：

① 选中该工具，单击加褶的线段，如图2-119中AB线段（多段线时框选线段后单击右键）。

② 如需做半褶，此时单击右键，弹出【褶】对话框（图2-120）。

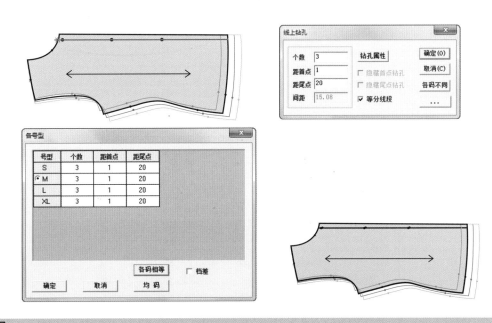

图2-117

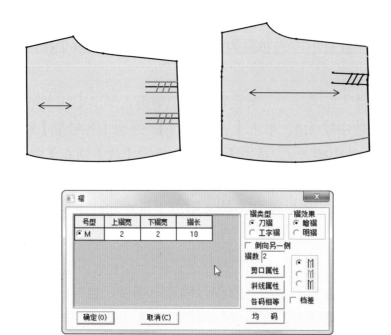

图2-118

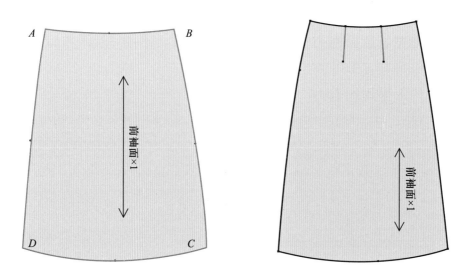

图2-119

图2-120

③ 如需做通褶，按照步骤①的方式选择褶的另外一段所在的边线，单击右键弹出【褶】对话框。在对话框中输入褶量、褶数等，确定褶可以合并起来。此时，再用该工具调整褶底，满意后单击右键即可（图2-121）。

方式三　修改工字褶或刀褶：

① 修改一个褶：用该工具将光标移至工字褶或刀褶上，褶线变色后单击右键，即可弹出【褶】对话框。

② 同时修改多个褶：使用该工具左键单击分别选中需要修改的褶后单击右键，弹出【褶】对话框（所选择的褶必须在同一个纸样上）。

③ 辅助线转褶符号：把该工具放在如图2-122所示点A上按住左键拖至点B上松开，再把该工具放在点C上按住左键拖至点D上松开，会弹出【褶】对话框，确定后原辅助线就变成褶符号，褶符号上自动带有剪口。

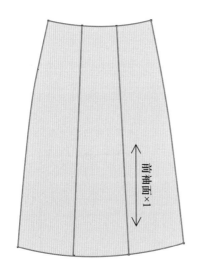
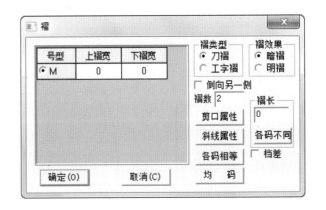

图2-121

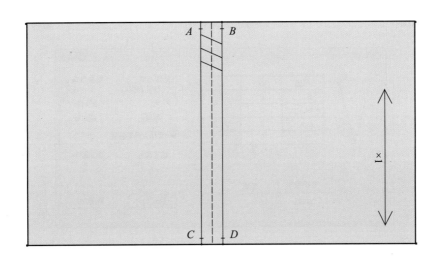

图2-122

11. ✍V形省

（1）功能：可以在纸样边线上增加或修改V形省，也可以把在结构线上加的省用该工具变成省符号。

（2）操作：

方式一　纸样上有省线：

① 用该工具在省线上单击，弹出【尖省】对话框。

② 选择合适的选项，输入恰当的省量。

③ 单击【确定】后，生成的省被合并起来。

④ 此时，再用该工具调整省底，满意后单击右键即可（图2-123）。

方式二　纸样上无省线：

① 用该工具在边线上单击，先定好省的位置。

② 拖动鼠标单击，弹出【尖省】对话框。

③ 选择合适的选项，输入恰当的省量。

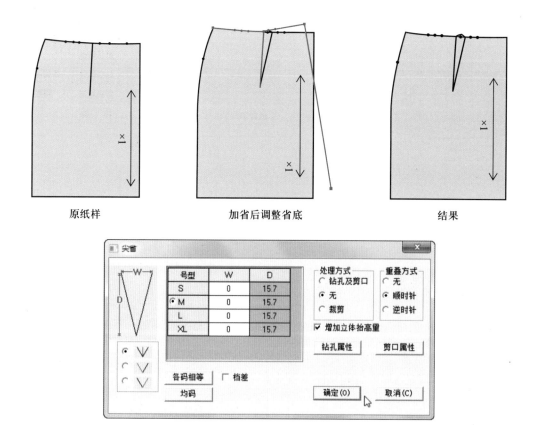

图2-123

④ 单击【确定】后，生成的省被合并起来。

⑤ 此时，再用该工具调整省底，满意后单击右键即可（图2-124）。

方式三 修改V形省：选中该工具，将光标移至V形省上，省线变色后单击右键，即可弹出【尖省】对话框。

12. 锥形省

（1）功能：在纸样上加锥形省或菱形省。

（2）操作：用该工具依次单击点A、点B、点C（图2-125），弹出【锥形省】对话框；输入省量，单击【确定】即可（图2-126）。

13. 比拼行走

（1）功能：一个纸样的边线在另一个纸样的边线上行走时，可调整内部线对接是否圆顺，也可以加剪口。

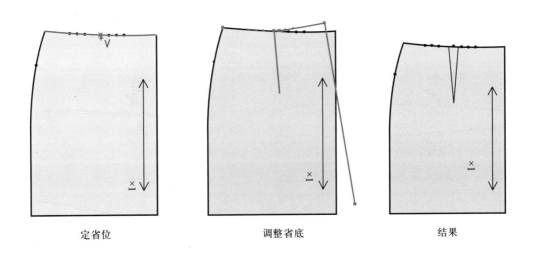

定省位　　　　　　　　调整省底　　　　　　　　结果

图2-124

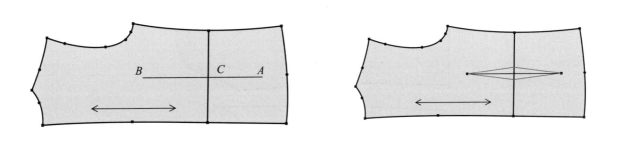

图2-125　　　　　　　　　　　　　　　　图2-126

（2）操作：

① 用该工具依次单击点B、点A（图2-127），将纸样二拼在纸样一上，并弹出【行走比拼】对话框。

② 继续单击纸样边线，纸样二就在纸样一上行走，此时可以打剪口，也可以调整辅助线。

③ 最后单击右键完成操作。

（3）说明：如果比拼的两条线为同边情况，如图2-128所示中线a、线b，比拼时纸样间为重叠，操作前按住Ctrl键；在比拼中，按住Shift键，分别单击控制点或剪口，可重新开始比拼。

14. 📇布纹线

（1）功能：用于调整布纹线的方向、位置、长度以及布纹线上的文字信息。

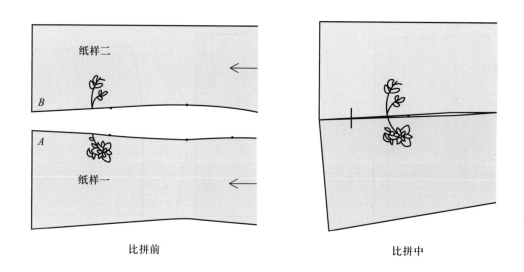

比拼前　　　　　　　　　　　　　比拼中

图2-127

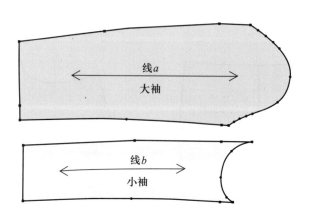

图2-128

（2）操作：

① 用该工具单击纸样上的两点，布纹线与指定两点平行。

② 用该工具在纸样上单击右键，布纹线以45°角来旋转。

③ 用该工具在纸样（不是布纹线）上先单击左键，再单击右键，可任意旋转布纹线的角度。

④ 用该工具在布纹线的"中间"位置单击，拖动鼠标可平移布纹线。

⑤ 选中该工具，把光标移在布纹线的端点上，再拖动鼠标可调整布纹线的长度。

⑥ 选中该工具，按住Shift键，光标会变成T形，单击右键，布纹线上、下的文字信息旋转90°角。

⑦ 选中该工具，按住Shift键，光标会变成T形，在纸样上任意单击两点，布纹线上、下的文字信息以指定的方向旋转。

注意：布纹线旋转时，纸样不作任何旋转。

15. 旋转衣片

（1）功能：顾名思义，就是用于旋转纸样。

（2）操作：

① 如果布纹线是水平或垂直的，用该工具在纸样上单击右键，纸样按顺时针旋转90°角。如果布纹线不是水平或垂直的，用该工具在纸样上单击右键，纸样会旋转到与布纹线水平或垂直方向一致。

② 用该工具单击选中两点，移动鼠标，纸样以选中两点连线的水平或垂直方向上旋转。

③ 按住Ctrl键，在纸样上单击两点，移动鼠标，纸样可随意旋转。

④ 按住Ctrl键，在纸样上单击右键，可按指定角度旋转纸样。

注意：旋转纸样时，布纹线与纸样同步旋转。

16. 水平／垂直翻转

（1）功能：用于将纸样翻转。

（2）操作：

① 水平翻转 与垂直翻转 之间用Shift键切换。

② 在纸样上直接单击即可。

③ 如纸样设置了左或右，翻转时会提示"是否翻转该纸样？"

④ 如确实需要翻转，单击【是】即可（图2-129）。

17. 水平／垂直校正

（1）功能：将一段线校正成水平或垂直状态，如将图2-130中线段 *AB* 校正至如图2-131所示。此功能常用于校正读图纸样。

（2）操作：

① 按住Shift键，把光标切换成水平校正 ✲⊿（或垂直校正 ✲◢）。

② 用该工具单击或框选线段 *AB* 后单击右键，弹出【水平垂直校正】对话框。

③ 选择合适的选项，单击【确定】即可（图2-132）。

18. ▱ 重新顺滑曲线

（1）功能：用于调整曲线并且将关键点的位置保留在原位置，常用于处理读图纸样。

（2）操作：

① 用该工具单击需要调整的曲线，此时原曲线处会自动生成一条新的曲线（如果曲线中间没有放码点，新曲线为直线，如果曲线中间有放码点，新曲线默认通过放码点）。

② 用该工具单击原曲线上的控制点，新的曲线就会吸附在该控制点上（再次在该点上单击，新曲线即从该点上脱离）。

③ 调整新曲线至满意后，在空白处再单击右键即可（图2-133）。

19. ⌇⌇ 曲线替换

（1）功能：可以将结构线上的线与纸样边线互换，也可以将纸样上的辅助线与边线互换。

（2）操作：

方式一

① 单击或框选线的一端，线被选中（如果选择的是多条线，第一条线须用框选，最后单击右键）。

图2-129

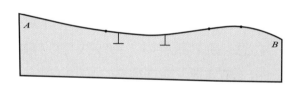

图2-130

图2-131

图2-132

② 单击右键选中线可在水平方向、垂直方向翻转。

③ 移动光标至目标线上，再单击即可。如图2-134所示为一个纸样上的边线替换另一个纸样上的边线。

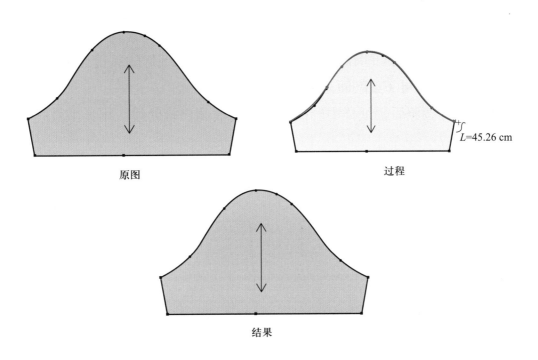

原图

过程

L=45.26 cm

结果

图2-133

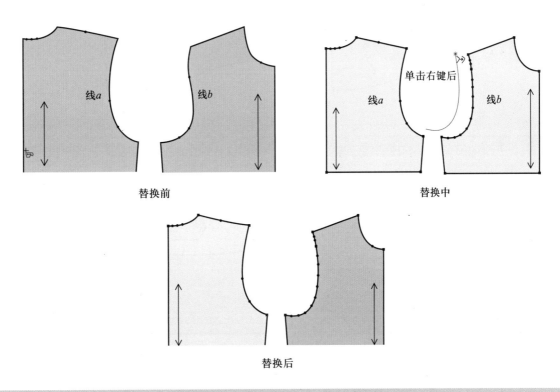

替换前

替换中

单击右键后

线a

线b

替换后

图2-134

方式二　用该工具单击或框选纸样辅助线后，光标会变成🖝（按住Shift键，光标会变成🖝）在目标线上单击右键即可（图2-135）。

（3）说明：🖝与🖝用Shift键切换，🖝原边线不保留，🖝原边线变成辅助线。

20. 🖼 纸样变闭合辅助线

（1）功能：将一个纸样变为另一个纸样的闭合辅助线。

（2）操作：

① 将A纸样变为B纸样的闭合辅助线：用该工具在A纸样的关键点上单击，再在B纸样的关键点上单击即可（或敲回车键偏移）（图2-136）。

② 将口袋纸样按照后幅纸样中辅助线方向变成闭合辅助线：用该工具先拖选线段AB，再拖选线段CD，再单击即可（图2-137）。

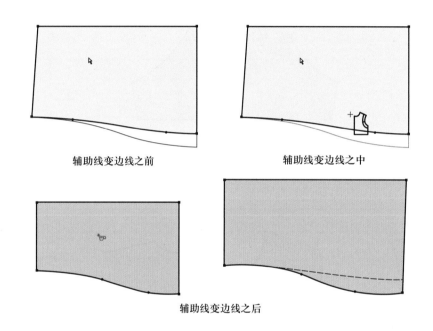

辅助线变边线之前　　　　　　辅助线变边线之中

辅助线变边线之后

图2-135

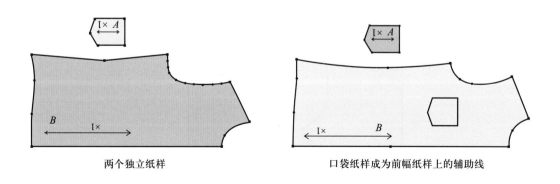

两个独立纸样　　　　　　　口袋纸样成为前幅纸样上的辅助线

图2-136

21. 🖾 分割纸样

（1）功能：将纸样沿辅助线剪开。

（2）操作：

① 选中分割纸样工具；在纸样的辅助线上单击，弹出如图2-138所示对话框。

② 选择【是】，根据基码对齐剪开，选择【否】以显示状态剪开（图2-139）。

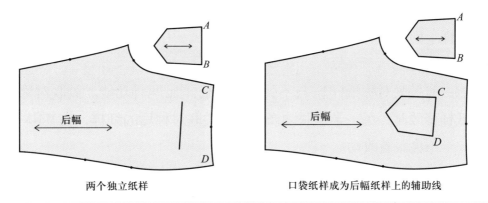

两个独立纸样　　　　　　　　口袋纸样成为后幅纸样上的辅助线

图2-137

图2-138

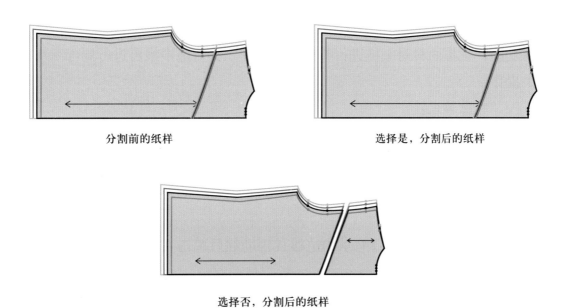

分割前的纸样　　　　　　　　选择是，分割后的纸样

选择否，分割后的纸样

图2-139

22. 合并纸样

（1）功能：将两个纸样合并成一个纸样。有两种合并方式：方式A为以合并线两端点的连线合并，方式B为以曲线合并。

（2）操作：按Shift键，在（方式A）与（方式B）之间切换。当在第一个纸样上单击后按Shift键，可以在保留合并线（）与不保留合并线（）之间切换。

选中对应光标后有四种合并操作方法：① 直接单击两个纸样的空白处；② 分别单击两个纸样的对应点；③ 分别单击两个纸样的两条边线；④ 拖选一个纸样的两点，再拖选另一个纸样上两点（图2-140）。

23. 纸样对称

（1）功能：有关联对称纸样与不关联对称纸样两种功能。关联对称后的纸样，在其中一半纸样修改时，另一半也联动修改。不关联对称后的纸样，在其中一半的纸样上改动，另一半不会跟着改动。

（2）操作：

方式一 关联对称纸样：

① 按Shift键，使光标切换为。

② 单击对称轴（前中心线）或分别单击点A、点B（图2-141）。

③ 即出现如图2-142所示效果。如果需要再返回成如图2-141所示的纸样，使用该工具后单击对称轴不松手，按Delete键即可。

方式二 不关联对称纸样：

① 按Shift键，使光标切换为。

② 如图2-143所示，单击对称轴（前中心线）或分别单击点A、点B，即出现如图2-144所示效果。

24. 缩水

（1）功能：根据面料对纸样进行整体缩水处理。针对选中线可进行局部缩水。

（2）操作：

方式一 整体缩水：

① 选中缩水工具。

② 在空白处或纸样上单击，弹出【缩水】对话框。

③ 选择缩水面料，选中适当的选项，输入纬向与经向的缩水率，单击【确定】即可。

方式二 局部缩水：

① 单击或框选要进行局部缩水的边线或辅助线后单击右键，弹出【局部缩水】对话框。

② 输入缩水率，选择合适的选项，单击【确定】即可。

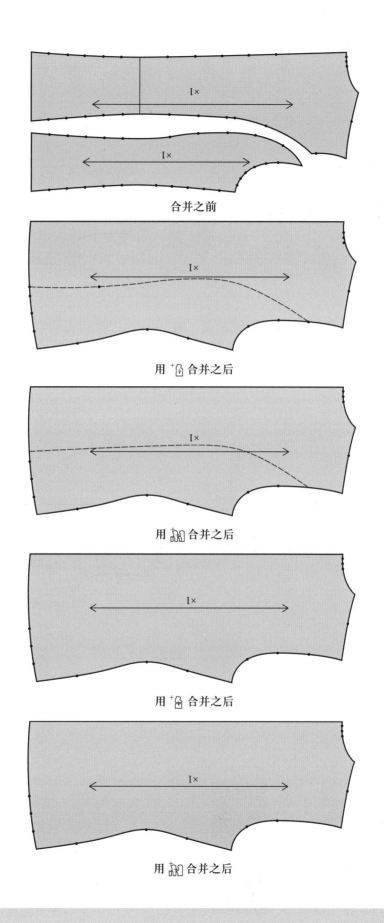

合并之前

用 ⁺🔲 合并之后

用 🔲🔲 合并之后

用 ⁺🔲 合并之后

用 🔲🔲 合并之后

图2-140

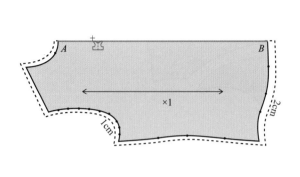

图2-141

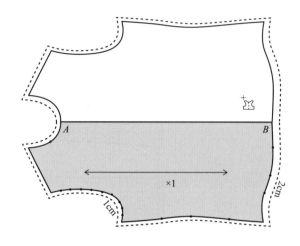

图2-142

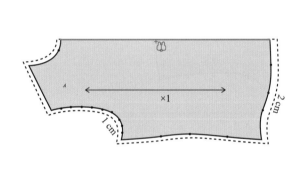

图2-143

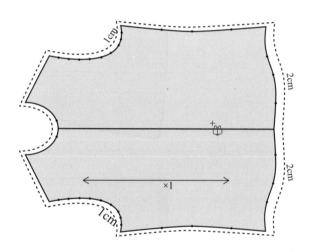

图2-144

纸样工具栏使用介绍

01选择纸样控制点

02缝迹线

03绗缝线

04加缝份

05 做衬		15 旋转衣片	
06 剪口		16 水平　垂直翻转	
07 袖对刀		17 水平　垂直校正	
08 眼位		18 重新顺滑曲线	
09 钻孔		19 曲线替换	
10 褶		20 纸样变闭合辅助线	
11 V 形省		21 分割纸样	
12 锥形省		22 合并纸样	
13 比拼行走		23 纸样对称	
14 布纹线		24 缩水	

任务五　放码工具栏

序号	图标	名称	快捷键	序号	图标	名称	快捷键
1		平行交点		7		拷贝点放码量	
2		辅助线平行放码		8		点随线段放码	
3		辅助线放码		9		设定/取消辅助线随边线放码	
4		肩斜线放码		10		平行放码	
5		各码对齐		11		等角度边线延长	
6		圆弧放码					

1. 平行交点

（1）功能：用于纸样边线的放码，在两边交点使用该工具后原本与其相交的各码两边分别平行。常用于西服领口的放码。

（2）操作：如图 2-145（a）到（b）的变化，用该工具单击点 A 即可。

2. 辅助线平行放码

（1）功能：针对纸样内部线放码，用该工具后，内部线各码间会平行且与边线相交。

（2）操作：

① 用该工具单击或框选辅助线，如图 2-146 中的线 a。

② 再单击靠近移动端的线，如图 2-146 中的线 b。效果如图 2-146（a）至（b），（c）至（d）的变化。

3. 辅助线放码

（1）功能：相交在纸样边线上的辅助线端点按照到边线指定点的长度来放码，如图 2-147 A 至 B 的曲线长。

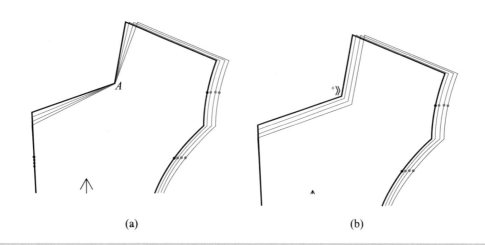

(a)　　　　　　　　　　(b)

图2-145

（2）操作：

① 用该工具在辅助线 A 点上双击，弹出【辅助线点放码】对话框。

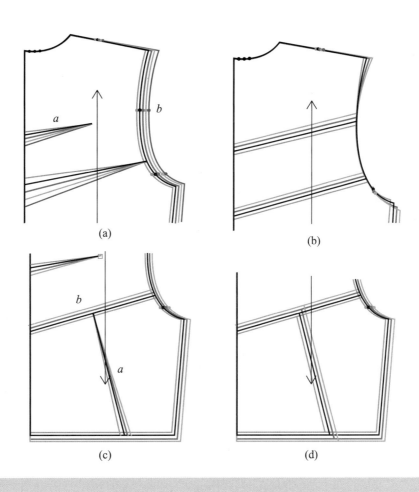

图2-146

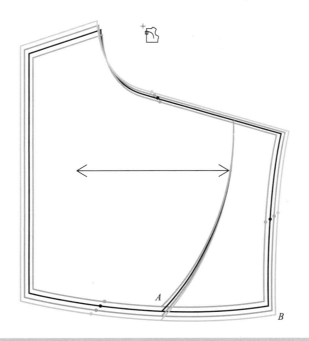

图2-147

② 在对话框中输入合适的数据，选择恰当的选项，单击【应用】即可。

4. ▦ 肩斜线放码

（1）功能：使各码不平行肩斜线平行。

（2）操作：

方式一　肩点来放码，按照肩宽实际值放码：

① 用该工具分别单击后中线的两点。

② 再单击肩点，弹出【肩斜线放码】对话框，输入合适的数值，选择恰当的选项，单击【确定】即可（图2-148）。

方式二　肩点已放码：

① 单击布纹线（也可以分别单击后中线上的两点）。

② 再单击肩点，弹出【肩斜线放码】对话框，单击【确定】即可（图2-149）。

（3）【肩斜线放码】对话框参数说明：

①【距离】指肩点到参考线的距离。

②【与前放码点平行】：指选中点前面的一个放码点。

③【与后放码点平行】：指选中点后面的一个放码点。

④【档差】：勾选为相邻码间的档差值，不勾选，为指定点到参考线的距离。

⑤ 勾选【档差】：无论在哪个码中输入档差量，再单击 ▭ 均码 ▭ ，各码以光标所在码数据均等跳码。

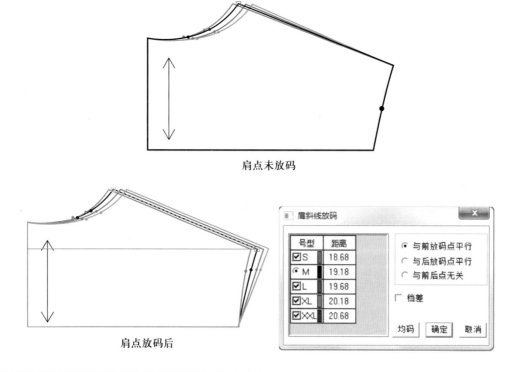

图2-148

⑥ 未勾选【档差】：在基码之外码中输入数值，再单击 __均码__ ，各码以该号型与基码所得差"均等跳码"（图2-150）。

5. 🐾 各码对齐

（1）功能：将各码放码量按点或剪口（扣位、眼位）线对齐或恢复原状。

（2）操作：

① 用该工具在纸样上的一个点上单击，放码量以该点按水平、垂直对齐。

② 用该工具选中一段线，放码量以线的两端连线对齐。

③ 用该工具单击点之前，按住X键为水平对齐。

④ 用该工具单击点之前，按住Y键为垂直对齐。

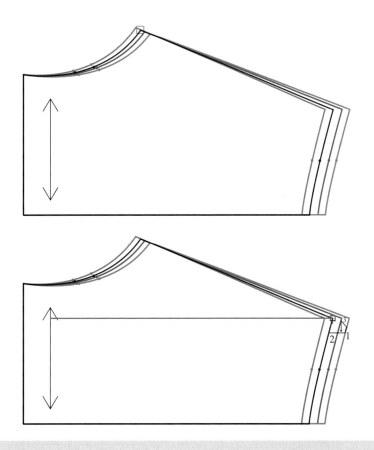

图2-149

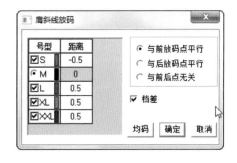

图2-150

⑤ 用该工具在纸样上单击右键，为恢复原状。

注意：用 ![图标] 选择纸样控制点工具，选中放码点，每按一下键盘上的Z键，放码量以该点为基准在水平、垂直线上对齐。这样检查放码量更方便。

6. ![图标] 圆弧放码

（1）功能：可针对圆弧的角度、半径、弧长来放码。

（2）操作：用该工具单击圆弧，圆心会显示，并弹出【圆弧放码】对话框；输入所需数值，单击【应用】，再单击【关闭】即可（图2-151）。

（3）【圆弧放码】对话框参数说明：

①【各码相等】：勾选，用鼠标单击位置的各码相等。

②【档差】：勾选，表中除基码之外的数据以档差来显示，反之以实际数据来显示。

③【切换端点】：亮星点随着单击在弧线的端点之间切换，亮星点表示放码不动的点。

7. ![图标] 拷贝点放码量

（1）功能：拷贝放码点、剪口点、交叉点的放码量到其他的放码点上。

（2）操作：

① 单个放码点的拷贝：用该工具在有放码量的点上单击或框选，再在未放码的放码点上单击或框选。

② 多个放码点的拷贝：用该工具在放了码的纸样上框选或拖选，再在未放码的纸样上框选或拖选。

③ 把相同的放码量，连续拷贝到多个放码点上：按住Ctrl键，用该工具在放了码的纸样上框选或拖选，再在未放码的纸样上框选或拖选。

④ 只拷贝其中的一个方向或反方向：在对话框中选择即可（图2-152）。

8. ![图标] 点随线段放码

（1）功能：根据两点的放码比例对指定点放码。

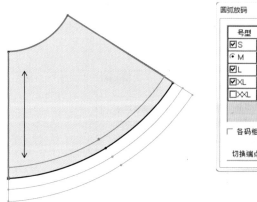

图2-151

（2）操作：对线段*EF*的点*F*根据衣长*AB*比例放码。

① 用该工具分别单击点*A*和点*B*，再单击或框选点*F*即可。

② 根据点*D*到线*AB*的放码比例来放点*C*：用该工具单击点*D*，再单击线*AB*，再单击或框选点*C*（图2-153）。

9. 设定／取消辅助线随边线放码

（1）功能：① 辅助线随边线放码；② 辅助线不随边线放码。

（2）操作：

方式一　辅助线随边线放码：

① 按Shift键，把光标切换成 （辅助线随边线放码）。

② 用该工具框选或单击辅助线的"中部"，辅助线的两端都会随边线放码。

③ 如果框选或单击辅助线的一端，只有这一端会随边线放码。

注：用该工具（辅助线随边线放码）操作过的辅助线，再对边线点放码或修改放码量后，操作过的辅助线会随边线自动放码。

图2-152

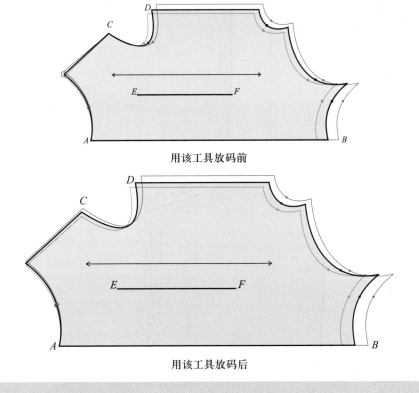

用该工具放码前

用该工具放码后

图2-153

方式二　辅助线不随边线放码：

① 按Shift键，把光标切换成 ⁺ᴀ（辅助线不随边线放码）。

② 用该工具框选或单击辅助线的"中部"，再对边线点放码或修改放码量后，辅助线的两端都不会随边线放码。

③ 如果框选或单击辅助线的一端，再对边线点放码或修改放码量，只有这一端不会随边线放码。

（3）说明：如果要对整片纸样的辅助线操作，可使用菜单中的"辅助线随边线自动放码"与"边线与辅助线分离"命令。

10. ⊞ 平行放码

（1）功能：对纸样边线、纸样辅助线平行放码。

（2）操作：用该工具单击或框选需要平行放码的线段，单击右键，弹出【平行放码】对话框；输入各线、各码平行线间的距离，单击【确定】即可。

11. ⬆ 等角度边线延长

（1）功能：应用于肩斜角度、胸角度放码。

（2）操作：如图2-154，∠ABC是肩斜度，假如肩斜随着码数变大，角度增加

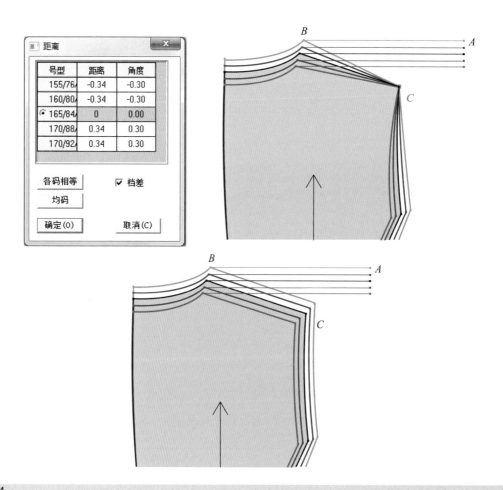

图2-154

0.3°；小肩长 BC 线随码数增大，增长 0.34 cm；使用该工具选中点 C、点 B、点 A，输入相应的数据，单击均码，最后单击【确定】即可（2-154）。

放码工具栏使用介绍

01 平行交点	06 圆弧放码
02 辅助线平行放码	07 拷贝点放码量
03 辅助线放码	08 点随线段放码
04 肩斜线放码	09 设定（取消）辅助线随边线放码
05 各码对齐	10 平行放码

任务六　打印输出

一、打印机设备

1. 功能：用于设置打印机型号、纸张大小及打印方向。
2. 操作：
（1）单击【文档】菜单→【打印机设置】，弹出【打印设置】对话框。
（2）选择相应的打印机型号、打印方向及纸张大小，单击【确定】即可（图2-155）。

二、打印纸样

1. 功能：用于在打印机上打印纸样或草图。

2. 操作：

（1）把需要打印的纸样或草图显示在工作区中。

（2）单击【文档】菜单→【打印纸样】，弹出【打印纸样】对话框。

（3）打印A3或A4大小纸样时，选择"在一页纸内打印"选项，如打印1:1纸样，选择"实际尺寸"选项。

（4）单击【打印】即可（图2-156）。

图2-155

图2-156

项目三

基础纸样制作

任务一　女上装衣身原型

一、关于新文化式原型

　　日本新文化式原型是日本文化服装学院在对大量女体计测的基础上，于2000年推出的符合当代日本年轻女性体型特征的新原型。该原型是日本文化服装学院推出的第八版原型，是在第七版的基础上，结合现代年轻人体型更丰满、曲线更优美的特征改进而成的。新文化式原型是箱形原型，胸省的大小随胸围尺寸大小而异，符合女性体型实际情况；胸省的量较第七版明显增大，前后腰节差也明显增大，符合现代年轻女性体型；腰省分配更合理，与人体间的空隙均匀。

　　中国与日本同属亚洲地区，人体体型上有很多相似之处。国内出版的时装书刊也大量地应用日本原型裁剪法。日本原型裁剪法的优点是准确可靠，简便易学，可以长期使用。由此，我国女性服装通常引用日式原型，尤其是新文化式原型运用较广泛。

二、新文化式女上装衣身原型CAD制图

（一）制图规格

单位：cm

号型	部位	背长	胸围	腰围	袖长
160/84A	净体尺寸	38	84	64	52

（二）CAD制图步骤

　　1. 制作基础线

　　制作基础线步骤如图3-1所示，图中单位为cm。

　　（1）用矩形工具 ▱ 定出背长为38，横向半胸围大为B/2+6（松量），做出后中线与后上平线交点A。

　　（2）绘制胸围线（BL线）：用智能笔工具 ✐ ，从上平线往下拖动，输入平行距离为B/12+13.7。

　　（3）绘制背宽线：用智能笔工具 ✐ ，从胸围线量出B/8+7.4，做出一点C，从C点作垂直线至后上平线。

　　（4）绘制肩胛骨辅助线：用智能笔工具 ✐ ，从后中点向下8水平横量至背宽线，作出一点D；用等分规工具 ⊟ ，将背宽二等分，向背宽方向偏1得出一点E。

　　（5）绘制前上平线：用智能笔工具 ✐ ，从胸围线往上拖动，输入平行距离为

B/5＋8.3，将前中心线延长至前上平线。

（6）绘制胸宽线：用智能笔工具 $\angle$ ，从胸围线量进B/8＋6.2，作垂直线至前上平线，用等分规工具 $\rightleftharpoons$ ，将胸宽二等分，向胸宽线方向偏0.7为BP点。

（7）BL线与胸宽线交点为B，用智能笔工具 $\angle$ ，从B向后中心线方向量取B/32为F点，C点至D点二等分，向下0.5，并作BL线之平行线，过F点作BL垂直线交于G点。

（8）绘制侧缝线：用智能笔工具 $\angle$ 和等分规工具 $\rightleftharpoons$ ，将C点至F点二等分，作前后中心线平行线为侧缝线。

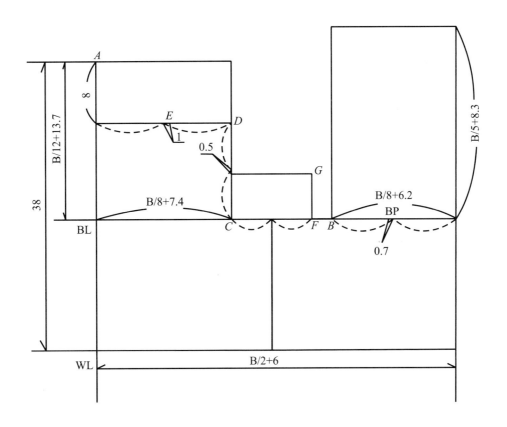

图3-1

2. 制作前后领圈、前后肩线、前后袖窿弧线

制作前后领圈、前后肩线、前后袖窿弧线步骤如图3-2所示。

（1）绘制前领圈：在上平线上用智能笔工具 $\angle$ ，从前中心线量进B/24＋3.4＝◎为前横开领大，得到前颈肩点（SNP点）。然后再从前SNP点垂直量下◎＋0.5为前直开领深。过前直开领深点作前中线之垂直线得到长方形，再作对角线并运用等分规工具 $\rightleftharpoons$ 三等分对角线，再从2/3处下落0.5。从前SNP点经下落0.5点至前领深点作前领圈弧线。

（2）绘制前肩线：用角度线工具 $\swarrow$ 过前SNP点作与上平线成22°角的射线，交至前胸宽线并延长1.8，即为前小肩长，设前小肩长为●。

（3）绘制胸省线：用智能笔工具![pen]，从G点与BP点连成一直线，用角度线工具![angle]过BP点向上量取角度（B/4−2.5）°作胸省线，取两线等长，作出前胸省。

（4）用智能笔工具![pen]，从前肩宽点至胸省宽点作出前上半部分袖窿弧线。

（5）用等分规工具![div]将F点至背宽线分成六等份，取一份宽为△，用角度线工具![angle]过F点作45°角平分线，并量出△+0.5点。用智能笔工具![pen]，从G点经该点至侧缝点作出前袖窿弧线下半部分。

（6）绘制后领圈：用智能笔工具![pen]，在后中心线上平线交点A往右量取◎+0.2为后横开领大。用等分规工具![div]将后横开领分成三等份，自后横开领大点垂直向上量取其中一等份得到后SNP点，用智能笔工具![pen]，从后SNP点至A点作出后领圈弧线，并运用调整工具![adj]将后领圈弧线调顺。

（7）绘制后肩线：用角度线工具![angle]过后SNP点作与上平线成18°角的射线为后肩线。用智能笔工具![pen]，在后肩线上从SNP点往右量取●+（B/32−0.8）作出后肩缝长，过E点作后中心线向上交至后肩线，向下1.5为肩省位，肩省量为（B/32−0.8）。

（8）绘制后袖窿弧线：用角度线工具![angle]过C点作45°角平分线，并量出△+0.8点。用智能笔工具![pen]，从后肩端点经△+0.8点至侧缝点作后袖窿弧线。

3. 腰省

各省的位置分布见图3−2。

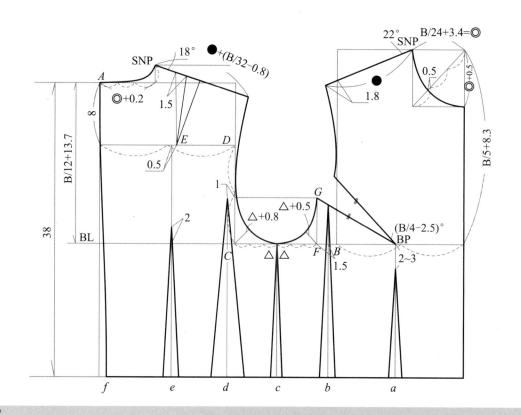

图3−2

$[(B/2+6)-(W/2+3)]$ 为总省量，总省量百分比参照表3-1。

表3-1　腰省量分配表　　　　　　　　　　　　　　　　　　　　　　　　　　　　　　　　　　单位：cm

总省量	a	b	c	d	e	f
100%	14%	15%	11%	35%	18%	7%
9	1.260	1.350	0.990	3.150	1.620	0.630
10	1.400	1.500	1.100	3.500	1.800	0.700
11	1.540	1.650	1.210	3.850	1.980	0.770
12	1.680	1.800	1.320	4.200	2.160	0.840
12.5	1.750	1.875	1.375	4.375	2.250	0.875
13	1.820	1.950	1.430	4.550	2.340	0.910
14	1.960	2.100	1.540	4.900	2.520	0.980
15	2.100	2.250	1.650	5.250	2.700	1.050

女上装衣身原型绘制视频

01女上装衣身原型　制作
基础线　　　　　　　　　　

03女上装衣身原型　腰省分配　

02女上装衣身原型　制作
领圈袖窿线　　　　　　　　

任务二　女上装衣袖原型

（一）制图规格

单位：cm

号型	部位	背长	胸围	腰围	袖长
160/84A	净体尺寸	38	84	64	52

（二）CAD制图步骤

1. 省量合并

（1）选择剪断线工具 ✂️，将前中心线在胸围线交点处剪断。

（2）选择旋转工具 ↻，按住Shift键，将袖窿省闭合转移至前中心线（图3-3）。

（3）选择剪断线工具 ✂️，依次单击前袖窿弧线的两段线，然后单击右键结束，将两段线连成一条线，并选择调整工具，调顺前袖窿弧线。

2. 确定袖山高、袖中线、袖山斜线

（1）选择智能笔工具 ✏️，按住Shift键，单击右键选择侧缝基础线上半部分，输入增长量22 cm（图3-4）。

（2）选择智能笔工具 ✏️，从后肩端点画一条水平线至侧缝线延长线（图3-5）。

（3）选择智能笔工具 ✏️，从前肩端点画一条水平线超过侧缝线延长线（图3-6）。

（4）选择等分规工具 ⊟，将后肩端点至前肩端点的距离两等分（图3-7）。

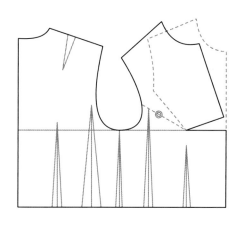

图3-3

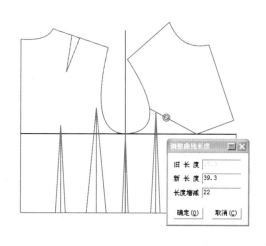

图3-4

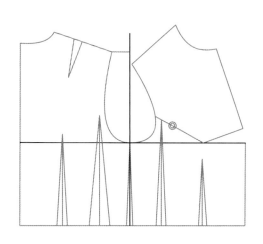

图3-5

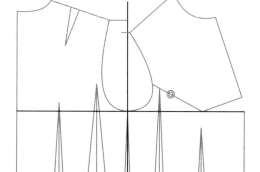

图3-6

（5）选择等分规工具 ，将前后肩端点间距的中点至袖窿深点的距离六等分（图3-8）。

（6）选取前后肩端点间距的中点至袖窿深点的距离5/6为袖山高。

（7）选择智能笔工具 ，在前后肩端点间距的中点至袖窿深点距离的1/6处画一条平行线（图3-9）。

（8）选择智能笔工具 ，按住Shift键，单击右键选择侧缝线的下半部分，输入袖长52 cm（图3-10）。

（9）选择比较长度工具 ，单击前袖窿弧线测出长度20.68 cm，选择比较长度工具 ，单击后袖窿弧线测出长度21.86 cm（图3-11、图3-12）。

（10）选择圆规工具 ，画出前袖山斜线20.68 cm（图3-13），后袖山斜线21.86 cm（图3-14）。

3. 确定袖山弧线

（1）如图3-15、图3-16所示，确定各袖山弧线控制点。

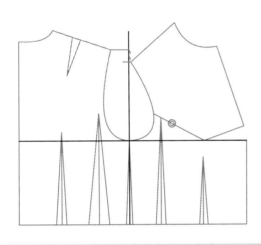

图3-7

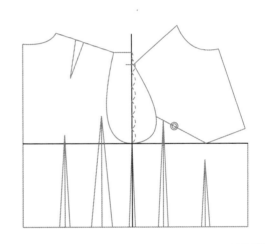

图3-8

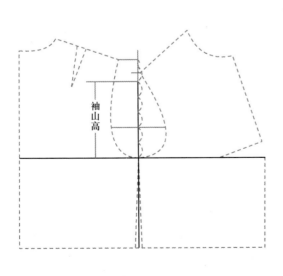

图3-9

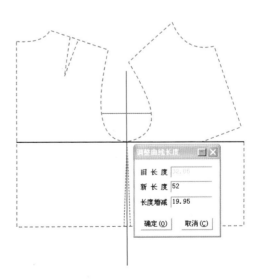

图3-10

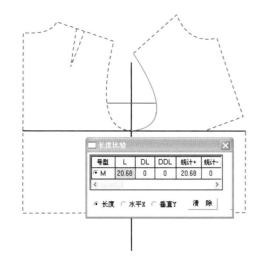

图3-11

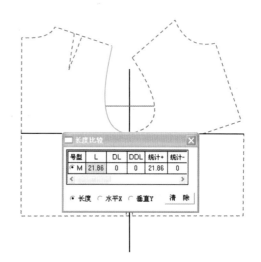

图3-12

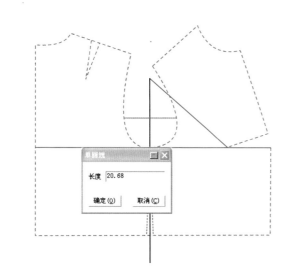

图3-13

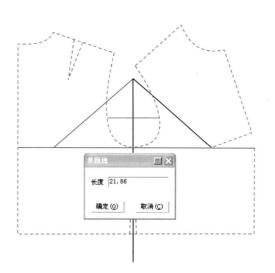

图3-14

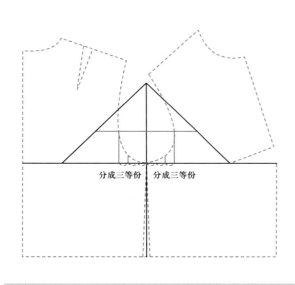

图3-15

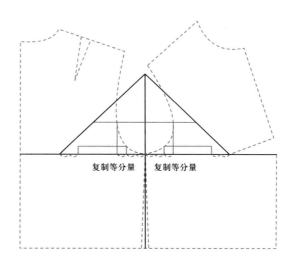

图3-16

（2）选择智能笔工具 ，连接好袖山弧线，用调整工具 将袖山弧线调顺（图3-17）。

4. 袖原型

袖原型如图3-18所示。

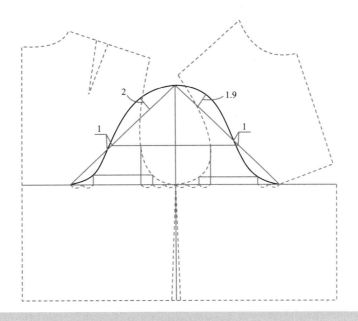

图3-17

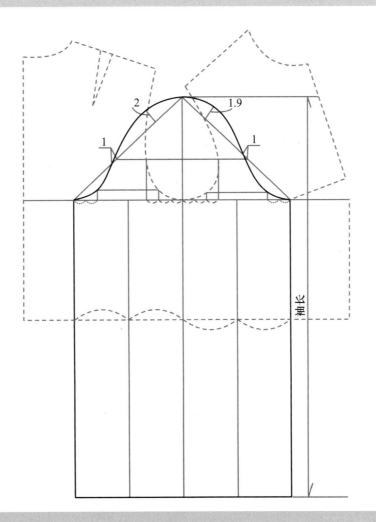

图3-18

女上装衣袖原型绘制视频

女上装衣袖原型

任务三　裙装原型

（一）制图规格

单位：cm

号型	部位	裙长	腰围	臀围
160/66A	净体尺寸	60	66	90

（二）CAD制图步骤

1. 作基础线

（1）选择智能笔工具 ，作一长方形，纵向长为裙长减腰宽60−3，横向宽为H/2+2，单位为cm（图3-19）。

（2）选择智能笔工具 ，作臀围线（HL线），从腰口线下17～20（身高/10+2.5左右）作平行线。

（3）选择智能笔工具 ，作侧缝线，前臀围H/4+1（放松量）+1（前后差）=24.5，后臀围H/4+1（放松量）−1（前后差）=22.5，根据前后臀围在臀围线上取点作垂直线。

2. 作腰围线及侧缝的撇去量（图3-20）

（1）选择智能笔工具 及调整工具 ，作前腰围大W/4+0.5（放松量）+1（前后差）=18，作后腰围大W/4+0.5（放松量）−1（前后差）=16，根据人体体型，侧缝起翘0.7左右，后腰低落水平线约1.5。

（2）选择智能笔工具 及调整工具 ，作前腰撇去量1/3（前臀围−前腰围）=1/3[（H/4+2）−（W/4+1.5）]=2.17（●）；作后腰撇去量1/3（后臀围−后腰围）=1/3[H/4−（W/4−0.5）]=2.17（▲）。为使前后侧缝弧线等长，前后侧缝撇去量相等。

（3）作前腰省：用等分工具 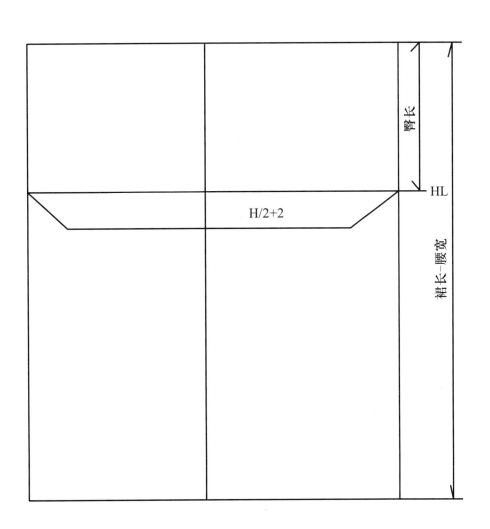 将臀长两等分，从中点作水平线交至前侧缝线；将前腰围弧线三等分，在等分处作腰围弧线的垂线，垂线长度为△，在等分处自垂线向两侧反向量取前腰省量/4即●/2作为前腰省的一个省量，另一省的做法相同，作前腰省边线。

（4）作后腰省：用等分工具 将后腰围弧线三等分，在等分处作腰围弧线的垂线，靠近后侧缝省的腰省长度为△+1，靠近后中缝的腰省长度为△+2，用皮尺工具 在等分处自垂线向两侧反向量取后腰省量/4即▲/2作为后腰省的一个省量，另一省的做法相同，作后腰省边线。

图3-19

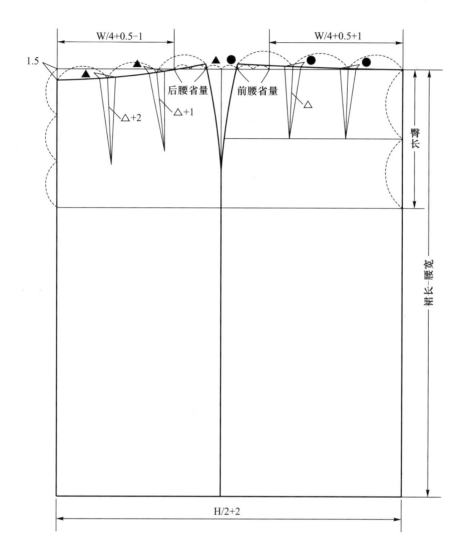

图3-20

裙装原型绘制视频

裙装原型

任务四　裤装原型

（一）制图规格

单位：cm

号型	腰围	臀围	股上	裤长	裤口
160/64A	66	90	26	91	21

（二）CAD制图步骤

1. 作长方形：用智能笔工具 ✐ 作长方形，宽为臀围/4+1（□），高为股上长度26 cm，1 cm是臀部松量。

2. 作裤口线和膝围线：从上平线向下量取裤长作平行线为脚口线，横裆与脚口线中点上移4为膝围线。

3. 作臀围线和挺缝线：从横裆线向上自股上长的三分之一处作水平线为臀围线，把长方形中的横裆线四等分为△，将其中一份再三等分，引出挺缝线。

4. 确定前后裆弯宽度：在横裆线右边的延长线上取△−1为前裆宽，在此基础上用智能笔工具 ✐ 追加2△/3为后裆弯。

5. 作前中线和裆弯线：将臀围线和裆弯点连线，垂直于该线并三等分，然后连接各点作为前裆弯，在腰围上收进1 cm作前裆斜线。

6. 作前腰线和前腰省：在腰节线上取腰围/4+3 cm，上翘0.7 cm为侧腰点，画顺腰围线，3 cm为腰省大小，腰省放置在挺缝线上，省长自臀围至腰围线1/2下1.5 cm处，记该长度为☆。

7. 前内缝线和侧缝线：取□−3为前脚口宽，并在脚口左右用等分工具 ⟷ 平分。膝围上是在脚口线的基础上左右各加1 cm并左右平分。至此确定了内缝线和侧缝线的轨迹，用智能笔工具 ✐ 做曲线连接。

8. 作后中线和裆弯线：在横裆线与前中线的交点上内移1 cm，以此点向上相交于前中线至挺缝线的中点并上翘，上翘量为△/3。连接臀围线交点，前裆弯1/3点和落裆1 cm处的交点形成后裆弯曲线。

9. 作后腰线和后腰省：在后腰点处取腰围/4+4，并起翘0.7 cm画顺腰围弧线，其中4 cm为两个腰省的总量，用等分工具 ⟷ 将后腰三等分，后腰省位置在腰线的1/3处，省量各2 cm，靠侧缝省长为☆，靠后中省长为☆+1。

10. 完成内侧缝线和侧缝线：为了使前后片臀围肥度一致，后裆弯和前裆弯之间的距离在后片臀围线上补齐。后片的膝围和裤口均比前片增加1 cm。最后连顺后裤片各曲线（图3-21）。

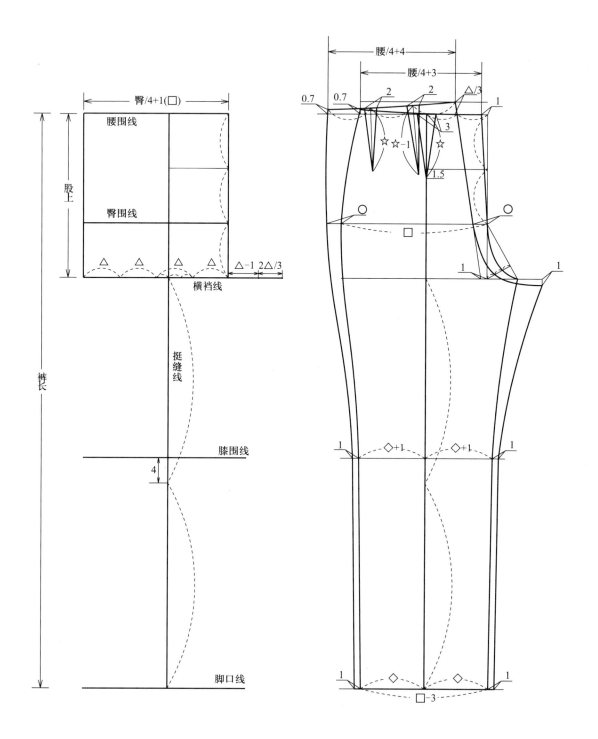

图3-21

任务五　第三代女装原型

第三代女装原型是在日本文化式原型基础上，以实效性、合理性和更加便于操作为原则修改完成的。第三代女装衣身纸样领口变大，肩斜变小，后袖窿曲率趋于平直，这样无疑对颈部和手臂的活动限制有所改善，且能够提高服装和身体的"合体度"。将全省分为胸省和腰省，胸省设置在侧缝上，使基本纸样外形线更加整齐，这对基本纸样的理解和使用将会更加方便。

（一）制图规格

单位：cm

规格	胸围	背长
160/84A	84	38

（二）CAD制图步骤

见图3-22。

1. 作矩形：用智能笔工具 ✎ 作长为胸围/2＋6，宽为背长的矩形。矩形左侧为后中心线，右侧为前中线，上端为上平线，下端为腰围线。

2. 作基本分割线：从上平线拖动智能笔向下取胸围/6＋7.5为袖窿深线；从后中拖动智能笔作平行线取胸围/6＋4.5为背宽线；从前中取胸围/6＋3为胸宽线；用等分工具 ⚬⚬ 在袖窿深线中点作平分线交于腰围线为侧缝线。

3. 作领口曲线：在后中顶点上取胸围/12＋0.2为后领宽，在后领宽上取后领宽/3（▲）为后领深，至此确定了后颈点和后侧缝点，用平滑的曲线连接两点，完成后领口曲线绘制。

4. 作后肩线：从背宽线和上平线的交点向下量取后领宽/3（▲），并作2 cm水平线，确定肩点，连接后侧颈点和后肩点。该线中包含1.5 cm的肩省。

5. 作前领口曲线：横向从前中线顶点取胸围/12为前横开领宽，纵向取前横开领宽＋1为前直开领深，完成矩形，矩形右下角为前颈点。在前领宽线与上平线交点上向下量取0.5 cm为前侧颈点，在矩形左下角角平分线上取前领宽/2（〇）－0.5，将三点连接作成曲线。

6. 作前肩线：自胸宽线与辅助线的交点向下取2/3后领宽，引出水平线，用圆规工具 ⋀ 取后小肩宽（△）－1.5为前肩线，1.5 cm为肩省量。

7. 袖窿弧线：将背宽至侧缝的线段用等分工具 ⚬⚬ 两等分并量取为a，作背宽与袖窿深线交点上的角平分线，长度为a＋0.5；从侧缝交点向右a/2量取一点；作前胸宽线与袖窿深交点的角平分线，长度为a；用等分工具 ⚏ 作前袖窿深的中点；将各点用曲线连接起来就形成了袖窿弧线。

8. 作胸乳点：在前胸宽上用等分工具 ⚏ 取中点，向左移动0.7 cm，向下4 cm，确定乳凸点（BP点）位置。自BP点向左至侧缝线作胸省，省大为前领宽/2（○）。

9. 作前腰线：前腰线在后腰线的基础上下降前领宽/2（○）的量。

10. 作腰省：用智能笔 ✎ 在后腰围上量取腰围/4＋3，剩余的部分就是后腰省的量，后腰省的位置在背宽的等分线上，超出袖窿深线3 cm。前片腰省也是同样的操作，量取腰围/4＋3，剩余的就是前腰省的量，位置在BP点下方。

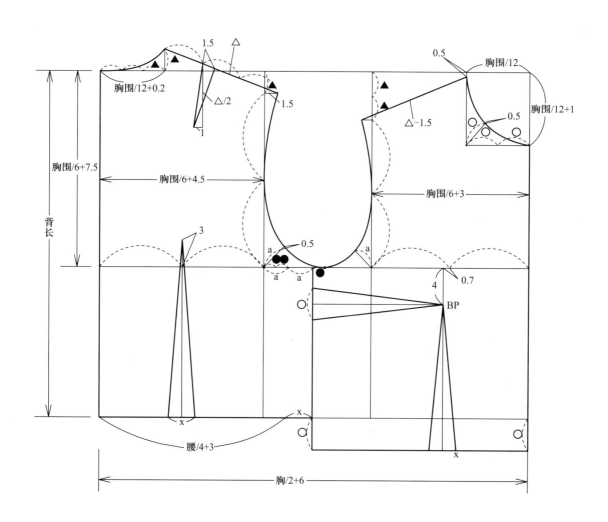

图3-22

任务六　技能大赛女装原型

（一）制图规格

单位：cm

号型	胸围（B）	肩宽（S）	胸省(X)
160/84A	92	38	3

（二）制图步骤

见图3-23。

1. 绘制框架：用智能笔 ✎ 绘制矩形，横向宽B/2＋3，纵向深号/4。

2. 作袖窿深线和臀围线：在上平线上拖动智能笔量取B/4作水平线为袖窿深线，从腰围线向下量取号/8作水平线为臀围线。

3. 作侧缝线、胸宽线和背宽线：在后中起自胸围线上量取0.15B＋4向上作垂线为后背宽线，从前中起自胸围线上量取0.15B＋2向上作垂线为前胸宽线。从后背宽线起自胸围线上向前中方向量取B/10－3向上作垂线为侧缝线。

4. 作后领弧线：后横开领大为型/12，后横开领深为型/40，用等分工具 ⚏ 将后横开领四等分，自3/4处作斜线连接后肩颈点，使后领弧线与后横开领线与斜线相切。

5. 作前领弧线：前上平线上抬0.4X－1，拖动智能笔作平行线，前横开领大和前直开领深均为型/12－X/10，用等分工具 ⚏ 将对角线三等分，连接前肩颈点与对角线1/3点及横开领线与前中交点绘制前领口弧线。

6. 前后肩斜：用角度线工具 ⚯ 作后肩线，后肩斜为20°，前肩斜度为15：（7.5－0.4X），取S/2为后肩点，量取后小肩长（△）－0.5为前小肩。

7. 确定BP点：从前中向下量取号/20＋型/5，自该点向左量取B/10－0.5，确定BP点，将BP点与前肩点相连接，取长度0.16B为省长，以0.16B为半径，用CR圆弧工具 ⌒，以BP点为圆心向左画长为X的弧，确定省位。

8. 从后肩端点向下1 cm，至袖窿深线用等分工具 ⚏ 将其五等分，其中两份处作水平线，该线延长至前胸宽斜线，相交后向左量取半袖窿宽B/10－3，交点与下摆后侧缝处相连接，作为前侧缝线。

9. 根据各点连顺袖窿弧线，并作调整。

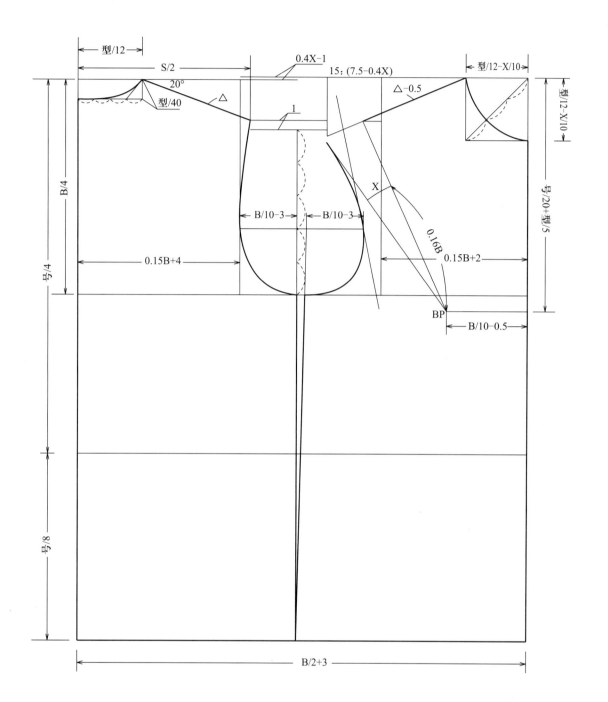

型/12

S/2

0.4X-1

15: (7.5-0.4X)

型/12-X/10

20°

型/40

△

△-0.5

1

型/12-X/10

B/4

B/10-3

B/10-3

X

号/20+型/5

号/4

0.15B+4

0.16B

0.15B+2

BP

B/10-0.5

号/8

B/2+3

图3-23

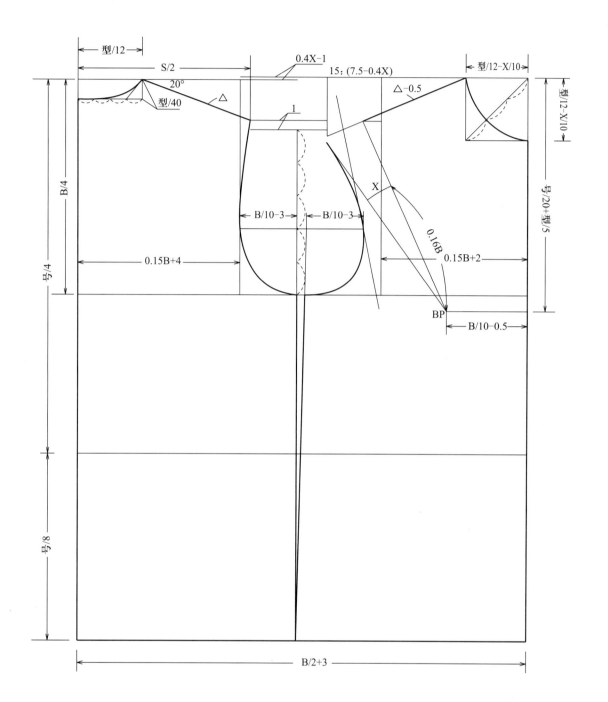

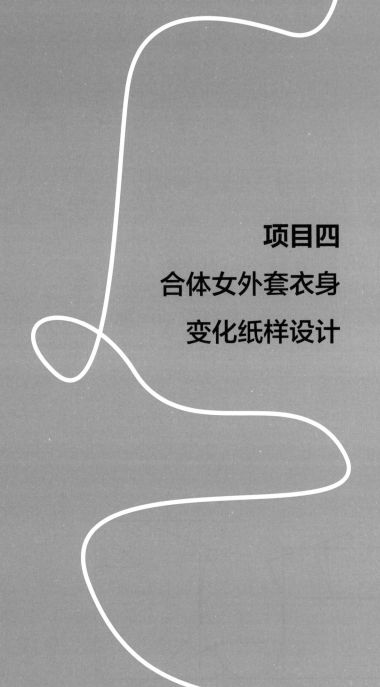

项目四

合体女外套衣身

变化纸样设计

女装衣片是女装整体结构设计中的重要组成部分。女装衣片的基本结构由前、后衣片构成。根据女性人体的体型要求、合体程度与款式变化要求，在新文化式原型的基础上进行前、后衣片的结构设计，是快速、精确地达到衣片结构设计目标的途径。衣片的变化在女装中表现为胸省的变化、胸褶裥的变化、分割线的变化等。

任务一　合体女外套含胸省基本型结构制图

按如下步骤进行合体女外套含胸省基本型CAD制图。

1. 运用加入 / 调整工艺图片工具 ▦ 插入新文化式原型

新文化式衣身原型制图如图4-1所示。参考尺寸：B（胸围）= 84 cm，L（背长）= 38 cm。

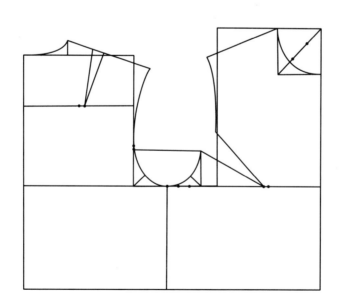

图4-1

2. 根据女外套的结构特点将文化式衣身原型进行调整

（1）调整袖窿深度：将原胸围线下调1.5 cm（图4-2、图4-3）。

（2）用旋转工具 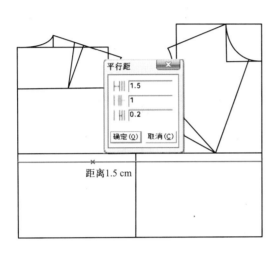（快捷键Ctrl+B），将一部分胸省转到领口上作劈胸量处理，合体型女外套劈胸量一般控制在0.6 cm左右，也可以根据具体款式来确定（图4-4）。

（3）将后片肩省的一部分（大约为0.6 cm）转移到后袖窿（图4-5），目的是为了增加后袖窿的活动量，因此，前袖窿也相应增加0.6 cm活动量，即将一部分的胸省转移至前袖窿（图4-6）。

图4-2

图4-3

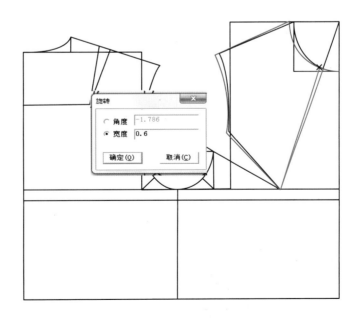

图4-4

（4）合体女外套含胸省基本型结构完成图如图4-7所示。

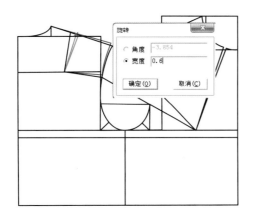

图4-5

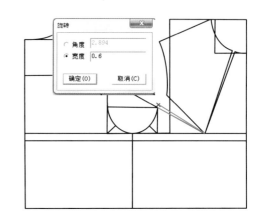

图4-6

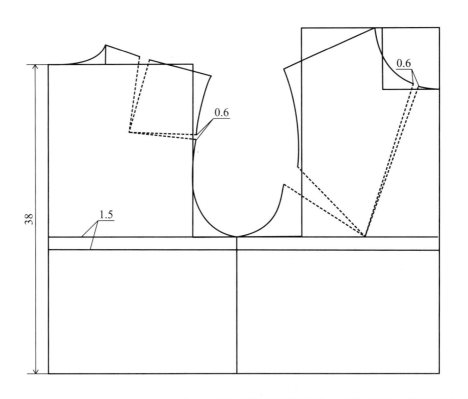

图4-7

合体女外套含胸省基本型结构制图视频

合体女外套含胸省基本型结
构制图

任务二　合体女外套衣身结构设计

一、多分割型后衣片

1. 款式图

多分割型后衣片款式图如图4-8所示。

2. 制图规格

单位：cm

部位	衣长	胸围	腰围	肩宽
规格	58	92	76	39

3. CAD制图步骤

（1）用智能笔工具，按照款式图在原型上定出肩宽、衣长、胸围等尺寸并且画出分割线（图4-9）。

（2）利用旋转工具（快捷键Ctrl + B）合并下腰省（图4-10）。

（3）最后用调整工具调整省道合并后的弧线形态（图4-11）。

二、带工字褶型后衣片

1. 款式图

带工字褶型后衣片款式图如图4-12所示。

2. 制图规格

单位：cm

部位	衣长	胸围	腰围	肩宽
规格	58	92	76	39

3. CAD制图步骤

（1）用智能笔工具，按照款式图在原型上定出肩宽、衣长、胸围等尺寸并且画出分割线（图4-13）。

（2）利用旋转工具（快捷键Ctrl + B）合并肩省，将肩省合并至后中分割线中（图4-14）。

（3）利用旋转工具（快捷键Ctrl + B）合并下腰省（图4-15）。

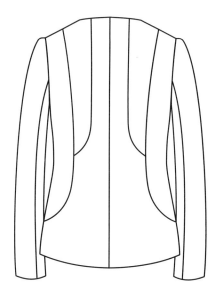

图4-8

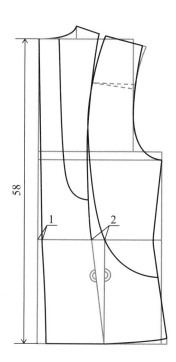

图4-9

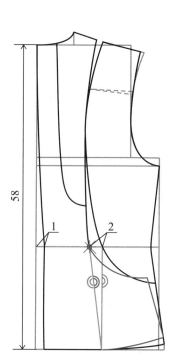

图4-10

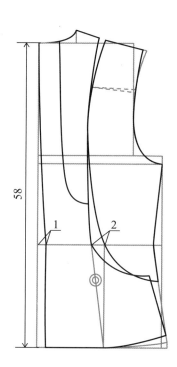

图4-11

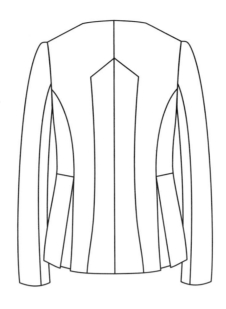

图4-12

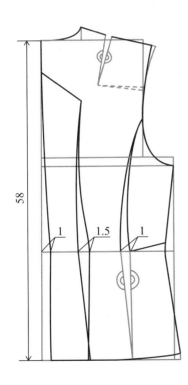

图4-13

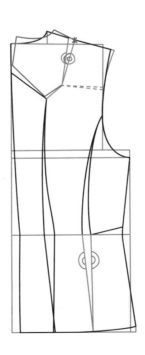

图4-14

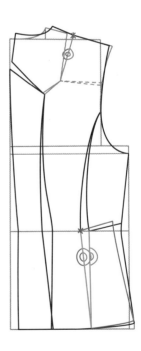

图4-15

（4）利用移动工具 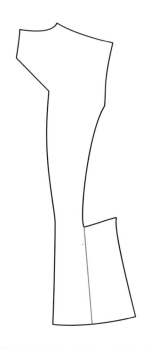（快捷键G）将后中片取出（图4-16）。

（5）利用褶展开工具 ▱ 将工字褶展开，展开量为上段6 cm，下段6 cm（图4-17、图4-18）。

（6）最后用调整工具 ◟ 调整省道合并后的弧线形态（图4-19）。

图4-16

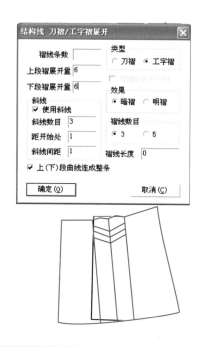

图4-17

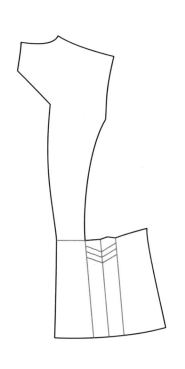

图4-18

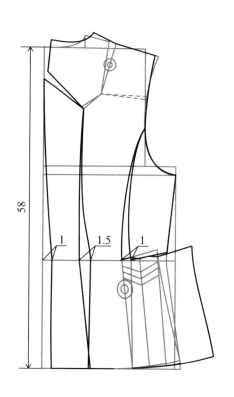

图4-19

三、不对称弧形分割型后衣片

1. 款式图

不对称弧形分割型后衣片款式图如图4-20所示。

2. 制图规格

单位：cm

部位	衣长	胸围	腰围	肩宽
规格	58	92	76	39

3. CAD制图步骤

（1）用智能笔工具 ▨ ，按照款式图在原型上定出肩宽、衣长、胸围等尺寸并且根据款式图画出分割线。由于该款式为不对称款式，因此，需要利用移动工具 ⌗ （快捷键G）将左裁片分别取出复制翻转为右裁片，在腰节线以下，将左右裁片以中心线为轴合并（图4-21）。

（2）利用旋转工具 ▨ （快捷键Ctrl＋B）合并肩省及下腰省。

（3）最后用调整工具 ▨ 调整省道合并后的弧线形态（图4-22）。

四、带工字褶弧形分割型前衣片

1. 款式图

带工字褶弧形分割型前衣片款式图如图4-23所示。

2. 制图规格

单位：cm

部位	衣长	胸围	腰围	肩宽
规格	58	92	76	39

3. CAD制图步骤

（1）用智能笔工具 ▨ ，按照款式图在原型上定出衣长、肩宽、胸围等尺寸并根据款式图画出分割线（图4-24）。

（2）利用旋转工具 ▨ （快捷键Ctrl＋B）合并胸省及下腰省（图4-25至图4-27）。

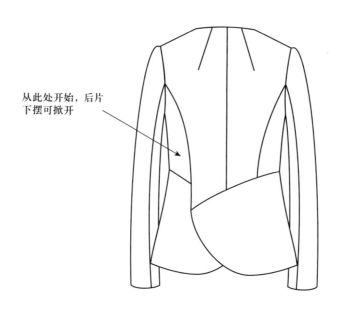

从此处开始，后片
下摆可掀开

图4-20

图4-21

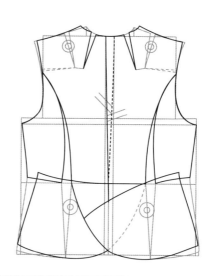

图4-22

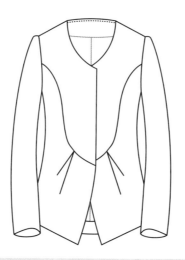

图4-23

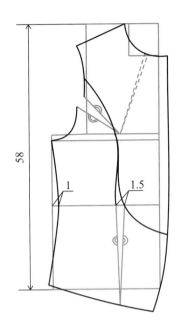

图4-24

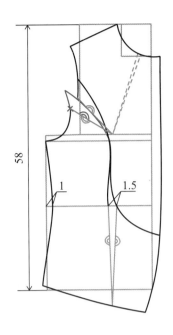

图4-25

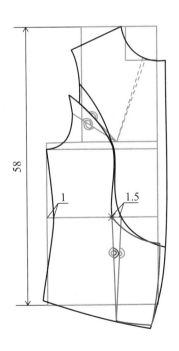

图4-26

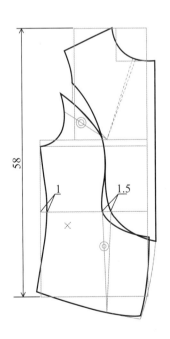

图4-27

（3）利用移动工具 （快捷键 G）将前侧片取出（图4-28）。

（4）利用褶展开工具 将工字褶 V 形展开，展开量为上段4 cm，下段0 cm（图4-29、图4-30）。

（5）最后用调整工具 调整省道合并后的弧线形态（图4-31）。

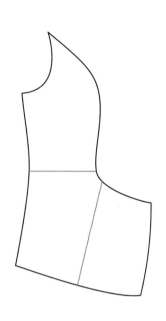

图4-28

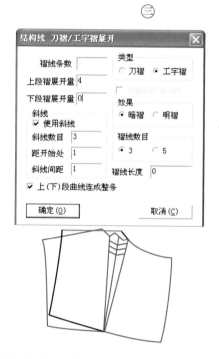

图4-29

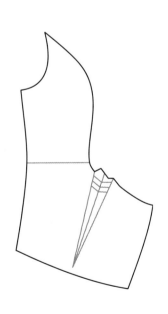

图4-30

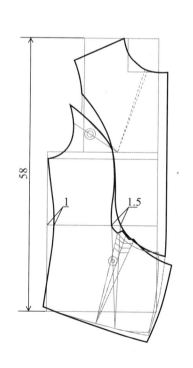

图4-31

五、带波浪下摆前衣片

1. 款式图

带波浪下摆前衣片款式图如图4-32所示。

2. 制图规格

单位：cm

部位	衣长	胸围	腰围	肩宽
规格	58	92	76	39

3. CAD制图步骤

（1）用智能笔工具 ，按照款式图在原型上定出衣长、肩宽、胸围等尺寸并且根据款式图画出分割线（图4-33）。

（2）利用旋转工具 （快捷键Ctrl+B）合并胸省，将胸省转移至肩缝分割线中（图4-34）。

（3）利用旋转工具 （快捷键Ctrl+B）合并下腰省（图4-35）。

（4）用调整工具 调整省道合并后的弧线形态（图4-36）。

（5）利用分割、展开、去除余量工具 将下摆展开，展开量为8 cm（图4-37）。

（6）最后用调整工具 调整下摆波浪展开后的弧线形态（图4-38）。

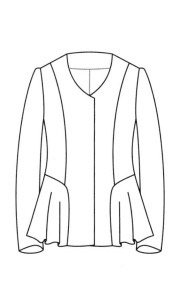

图4-32

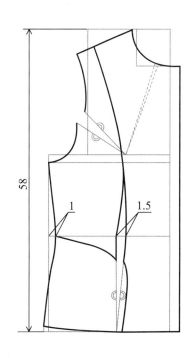

图4-33

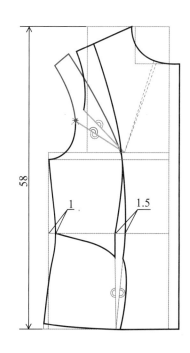

图4-34

六、不对称多分割前衣片

1. 款式图

不对称多分割前衣片款式图如图4-39所示。

2. 制图规格

单位：cm

部位	衣长	胸围	腰围	肩宽
规格	58	92	76	39

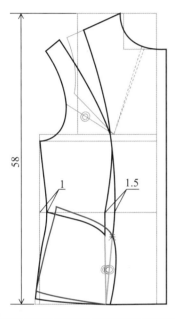

图4-35

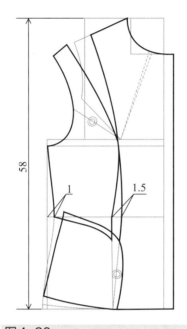

图4-36

图4-37

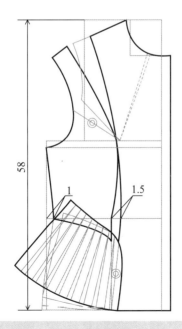

图4-38

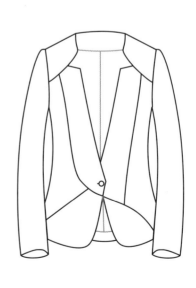

图4-39

3. CAD制图步骤

（1）用智能笔工具，按照款式图在原型上定出衣长、肩宽、胸围等尺寸并且根据款式图画出分割线。由于该款式为不对称款式，因此，需要利用移动工具 （快捷键G）将左裁片分别取出，复制、翻转为右裁片，在腰节线以下，将左右裁片以前中心线为轴合并（图4-40）。

（2）利用旋转工具 （快捷键Ctrl+B）合并胸省，将胸省转移至肩部分割线中（图4-41）。

（3）利用旋转工具 （快捷键Ctrl+B）合并腰省（图4-42）。

（4）利用旋转工具 （快捷键Ctrl+B）合并左衣片下腰省（图4-43）。

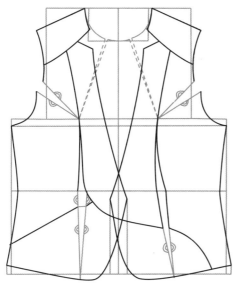

图4-40

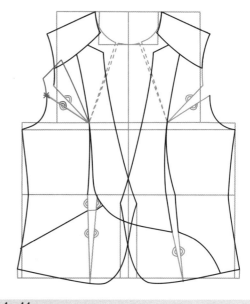

图4-41

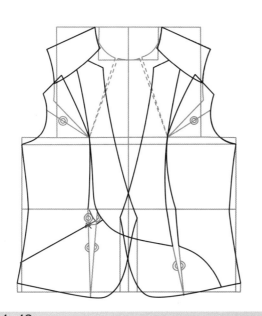

图4-42

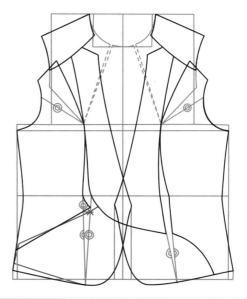

图4-43

（5）利用旋转工具 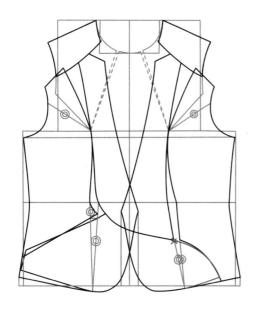（快捷键Ctrl+B）合并右衣片下腰省（图4-44）。

（6）最后用调整工具 调整省道合并后的弧线形态（图4-45）。

七、断腰抽褶双叠门型前衣片

1. 款式图

断腰抽褶双叠门型前衣片款式图如图4-46所示。

2. 制图规格

单位：cm

部位	衣长	胸围	腰围	肩宽
规格	58	92	76	39

3. CAD制图步骤

（1）用智能笔工具 ，按照款式图在原型上定出衣长、胸围、肩宽等尺寸并且根据款式图画出分割线（图4-47）。

（2）利用旋转工具 （快捷键Ctrl+B）合并胸省，将胸省转移至腰部省道中（图4-48）。

（3）利用旋转工具 （快捷键Ctrl+B）将腰省进行合并（图4-49）。

（4）利用对接工具 （快捷键J）合并中腰省（图4-50）。

图4-44

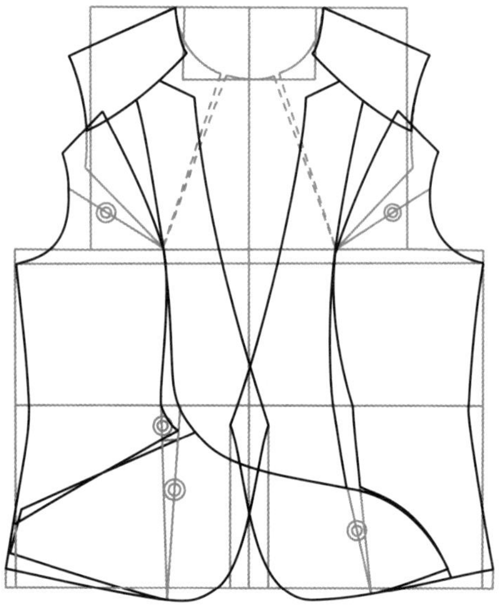

图4-45

图4-46

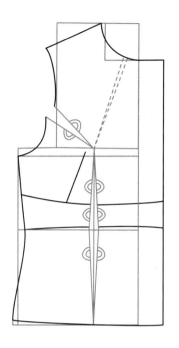

图4-47

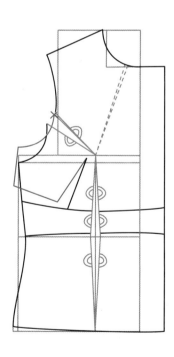

图4-48

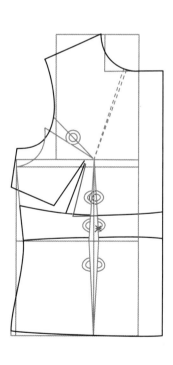

图4-49

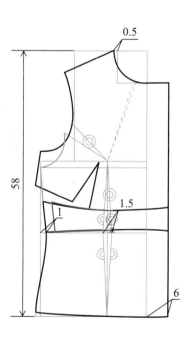

图4-50

（5）利用旋转工具 ▱ （快捷键 Ctrl + B）将下腰省进行合并（图4-51）。

（6）利用分割、展开、去除余量工具 ▦ 将需抽褶处展开，展开量为8 cm（图4-52、图4-53）。

（7）最后用调整工具 ↘ 调整褶展开后的弧线形态，在衣片上定出纽扣及纽眼位（图4-54）。

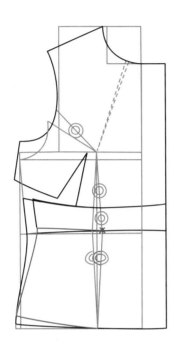

图4-51

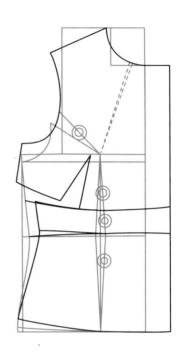

图4-52

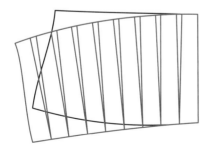

图4-53

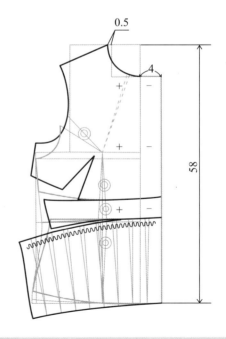

图4-54

八、弧形分割带抽褶斜襟型衣片

1. 款式图

弧形分割带抽褶斜襟型衣片款式图如图4-55所示。

2. 制图规格

单位：cm

部位	衣长	胸围	腰围	肩宽
规格	58	92	76	39

3. CAD制图步骤

（1）利用智能笔工具 ，在原型上根据款式图及制图规格作出衣长、门襟、侧缝、底摆。利用旋转工具 （快捷键Ctrl＋B）将胸省合并转移至领口，在转移过的结构图上根据款式图作出分割线（图4-56）。

（2）利用旋转工具 （快捷键Ctrl＋B）将领口省合并转移至袖窿弧形分割线中（图4-57）。

（3）利用旋转工具 （快捷键Ctrl＋B）将下腰省合并（图4-58）。

（4）利用调整工具 调整省道合并后的弧线形态（图4-59）。

（5）利用移动工具 （快捷键G）将需要展开的部位拾取出来（图4-60）。

图4-55

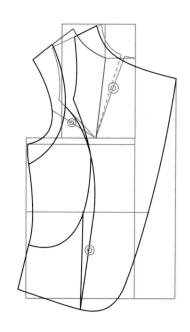

图4-56

（6）利用分割、展开、去除余量工具 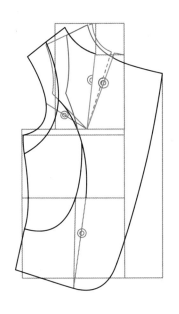 将需抽褶处V形展开，展开总量为4 cm或者更多，具体视款式定（图4-61）。

（7）最后利用调整工具 调整省道合并后的弧线形态（图4-62）。

图4-57

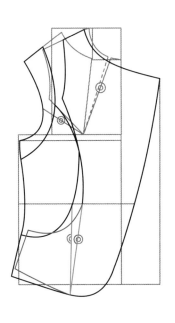

图4-58

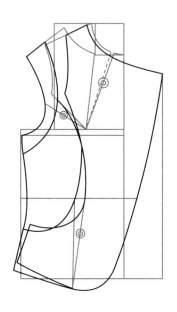

图4-59

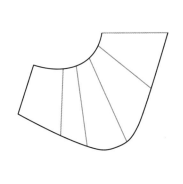

图4-60

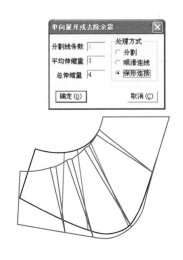

图4-61

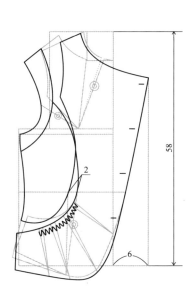

图4-62

九、带胸褶断腰节型工字褶前衣片

1. 款式图

带胸褶断腰节型工字褶前衣片款式图如图4-63所示。

2. 制图规格

单位：cm

部位	衣长	胸围	腰围	肩宽
规格	58	92	76	39

3. CAD制图步骤

（1）利用智能笔工具 ，在原型的基础上根据款式图与制图规格定出衣片造型及内部分割线（图4-64）。

（2）利用旋转工具 （快捷键Ctrl + B）将腰省合并转移至袖窿省（图4-65）。

（3）利用对接工具 （快捷键J）将中腰省合并（图4-66）。

（4）利用旋转工具 （快捷键Ctrl + B）将下腰省合并（图4-67）。

（5）利用褶展开工具 将工字褶H形展开，展开量为上段4 cm，下段4 cm（图4-68）。

（6）利用转省工具 将胸省转移至领圈胸褶（图4-69）。

图4-63

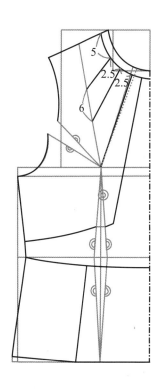

图4-64

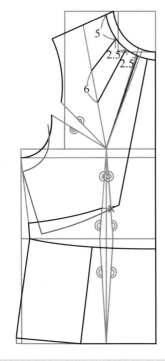

图4-65

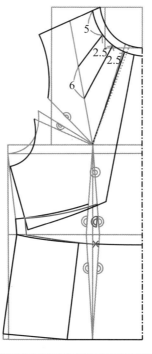

图4-66

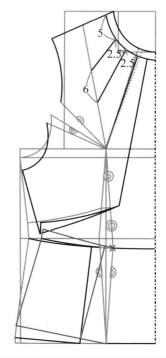

图4-67

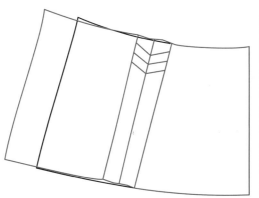

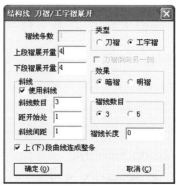

图4-68

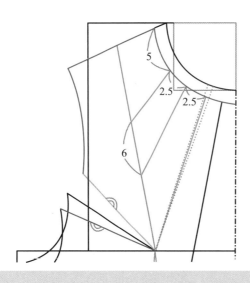

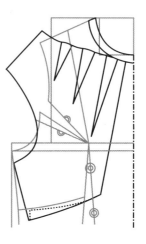

图4-69

　　服装CAD　　　　　　项目四　合体女外套衣身变化纸样设计

（7）最后利用调整工具 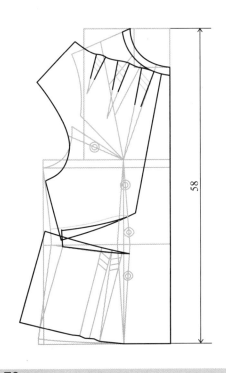调整省道合并后的弧线形态（图4-70）。

十、带盖肩型前衣片

1. 款式图

带盖肩型前衣片款式图如图4-71所示。

2. 制图规格

单位：cm

部位	衣长	胸围	腰围	肩宽
规格	58	92	76	39

3. CAD制图步骤

（1）用智能笔工具 ，按照款式图及制图规格在原型的基础上定出衣片造型及内部分割线（图4-72）。

（2）利用旋转工具 （快捷键Ctrl+B）将胸省合并转移至前侧胸省中（图4-73）。

（3）利用对接工具 （快捷键J）将中腰省合并（图4-74）。

（4）利用旋转工具 （快捷键Ctrl+B）将下腰省合并（图4-75）。

（5）利用旋转工具 （快捷键Ctrl+B）将盖肩中的胸省合并（图4-76）。

（6）最后利用调整工具 调整省道合并后的弧线形态（图4-77）。

图4-70

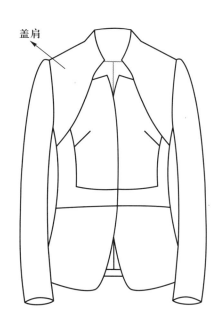

盖肩

图4-71

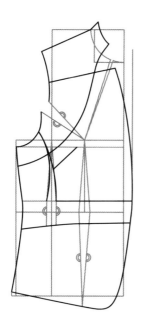

图4-72

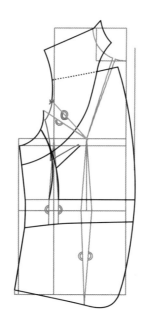

图4-73

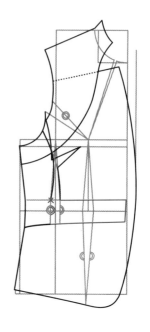

图4-74

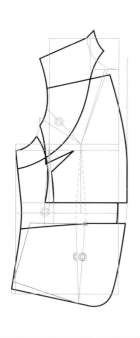

图4-75

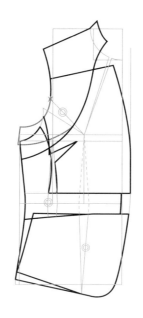

图4-76

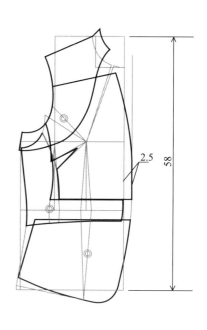

图4-77

合体女外套衣身结构设计视频

合体女外套衣身结构设计
（1）

合体女外套衣身结构设计
（2）

项目五

领子结构设计

衣领是服装结构设计中重要的组成部分。衣领以领座高与翻领宽为基本结构的构成要素。根据款式变化要求，在衣领基本型的基础上进行衣领结构设计，可快速、精确地达到衣领结构设计目标。衣领的结构设计主要与衣领的款式造型有关。从结构特点的角度划分，衣领可以分为无领、袒领、立领、翻驳领和其他领五类。

任务一　无领结构设计

无领是指既无领座又无翻领，单就领圈线作几何形态变化的一类衣领。无领结构领圈线条的变化类型有圆形、方形、V形、鸡心形、一字形、弧曲形等。

一、无领结构设计原理

无领结构设计应注意根据头围来确定领圈弧线的控制量，如领圈弧线小于头围规格时，可考虑在相关部位设置开襟或开衩来满足头围大小，方便穿脱。无领结构设计主要考虑的是前后横开领宽，在服装没有开襟的状态下，前领宽控制量应小于后领宽，差数为0.5~1.5 cm，以保持前领领中部位平服。无领结构的横开领宽和直开领深在一般情况下，均应在原型基础上增大。

二、圆形领

1. 款式图
圆形领款式图如图5-1所示。

2. CAD制图步骤

（1）在原型领基础上用智能笔工具 在前肩斜线上增大前横开领宽3 cm，加深前直开领深5 cm（图5-2）。用调整工具 调整前领圈弧线（图5-3）。

（2）在原型领基础上用智能笔工具 在后肩斜线上增大前横开领宽3 cm，加深后直开领深2 cm。用调整工具 调整后领圈弧线（图5-4）。

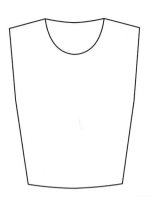

图5-1

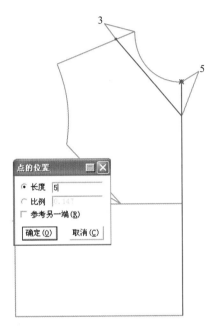

图5-2

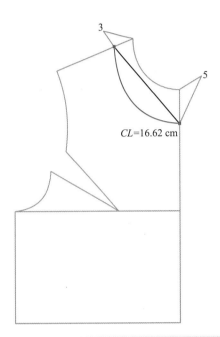

图5-3

CL=16.62 cm

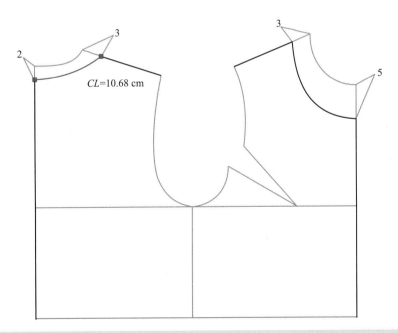

CL=10.68 cm

图5-4

三、V形领

1. 款式图

V形领款式图如图5-5所示。

2. CAD制图步骤

（1）在原型领基础上用智能笔工具在前肩斜线上增大前横开领宽1 cm，加深前直开领深12 cm（图5-6）。用调整工具调整前领圈弧线（图5-7）。

（2）在原型领基础上用智能笔工具在后肩斜线上增大后横开领宽1.5 cm，加深后直开领深1 cm。用调整工具调整后领圈弧线（图5-8）。

图5-5

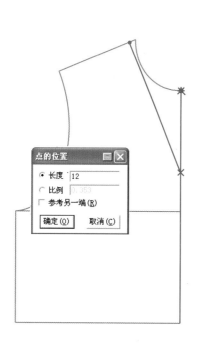

图5-6

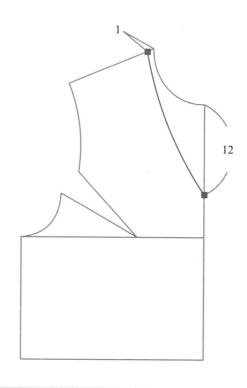

图5-7

四、一字形领

1. 款式图

一字形领款式图如图5-9所示。

2. CAD制图步骤

（1）在原型领基础上用智能笔工具 在前肩斜线上增大前横开领宽7 cm，前直开领深则不作改动（图5-10）。用调整工具 调整前领圈弧线（图5-11）。

（2）在原型领基础上用智能笔工具 在后肩斜线上增大后横开领宽7 cm，加深后直开领深2.5 cm。用调整工具 调整后领圈弧线（图5-12）。

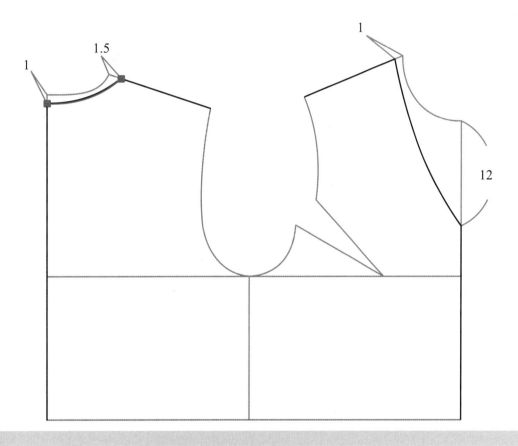

图5-8

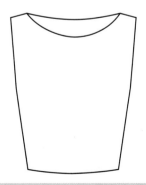

图5-9

图5-10

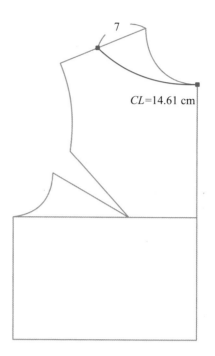

CL=14.61 cm

图5-11

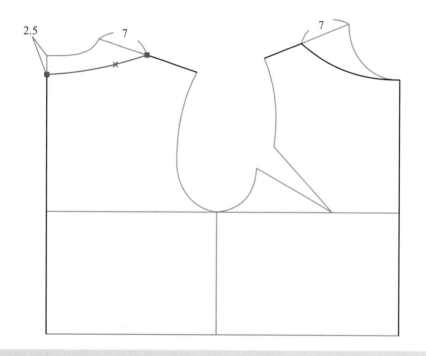

图5-12

无领结构设计视频

01无领结构设计之圆形领　　｜　02无领结构设计之V形领

任务二　袒领结构设计

袒领的主要特点是穿着时领座高接近于零。

一、袒领结构设计原理

袒领的结构设计依赖于前后领圈弧线。由于袒领的领座高几乎为零，处理配领时，在肩线部位肩端点需重叠一定量，重叠量一般为2~4 cm。

二、方形袒领

1. 款式图

方形袒领款式图如图5-13所示。

2. CAD制图步骤

（1）在原型领基础上用智能笔工具 将前后横开领各增大2 cm，前直开领加深4 cm，后直开领加深1 cm；用调整工具 调整前、后领圈弧线（图5-14）。

图5-13

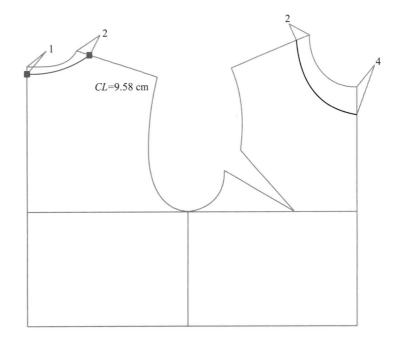

$CL=9.58$ cm

图5-14

（2）将智能笔工具 ✎ 放在前中线上，线变红，按住左键向外拖出平行线，松开左键，再单击左键出现对话框，在第一行输入叠门宽 2 cm，单击【确定】（图5-15）。用智能笔工具 ✎ 依次框选胸围线、腰节线，单击前中心线，线变绿，在前衣片内单击右键，确定完成单向靠边，用调整工具再次调整带叠门的前领圈弧线（图5-16、图5-17）。

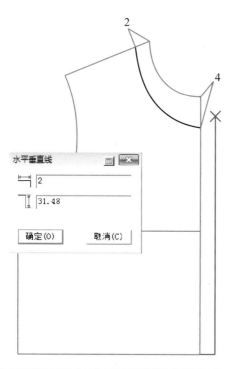

图5-15

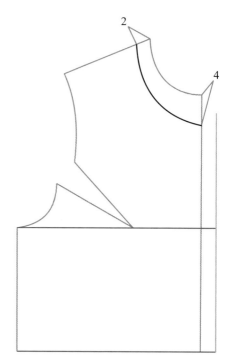

图5-16

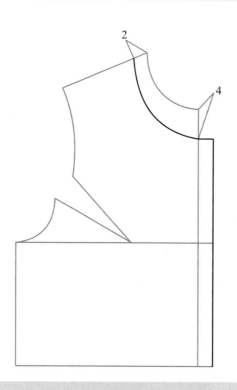

图5-17

（3）用移动工具 ⊡ 把后衣片移到前片上（图5-18），用旋转工具 ⊠ 旋转肩端点使肩端处重叠3 cm（图5-19）。

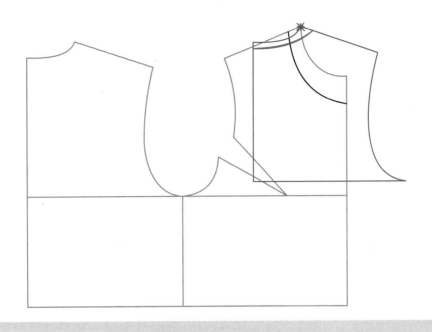

图5-18

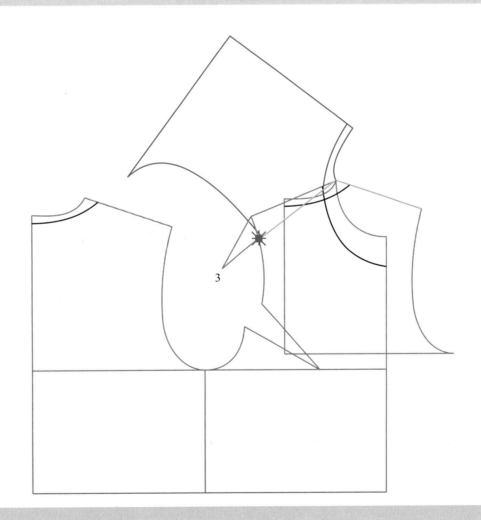

图5-19

（4）用智能笔工具 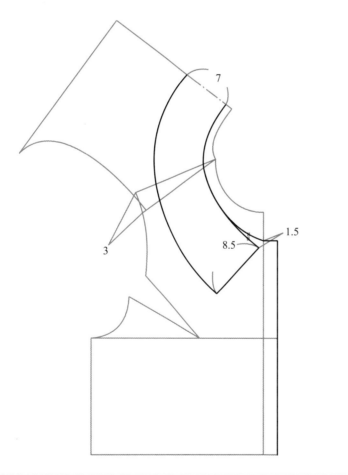 在领圈的基础上画出方形的袒领。后领中线宽7 cm，前领角长8.5 cm。用调整工具 调整领圈弧线（图5-20）。

三、波浪形袒领

1. 款式图

波浪形袒领款式图如图5-21所示。

2. CAD制图步骤

（1）在原型领基础上，用智能笔工具 把前后横开领宽各增大1 cm，前直开领加深10 cm，后直开领加深0.5 cm；用调整工具 调整前、后领圈弧线。用智能笔工具 绘制2 cm叠门宽（操作步骤同前一款）（图5-22）。

（2）用移动工具 把后衣片移到前片上。用旋转工具 合并前后肩线。用智能笔工具 在前后衣片上画好领型（图5-23）。

（3）用智能笔工具 按住右键框选领圈线，用剪刀工具在领肩处剪断，用同样的方法把前后领外围线剪断，用等分规工具 将前领圈及前领外围线4等分、后领圈及后

图5-20

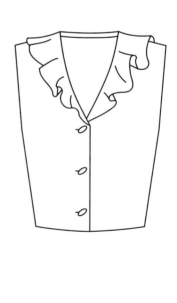

图5-21

领外围线3等分。用智能笔工具 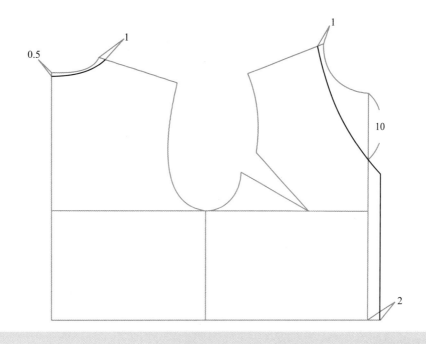 画好等分线（图5-24）。

（4）用移动工具 把领片移到外面。用旋转工具 旋转后领中线。用展开工具 框选前后领圈弧线，用右键框选不伸缩线（领圈弧线），用右键单击伸缩线（外领圈弧

图5-22

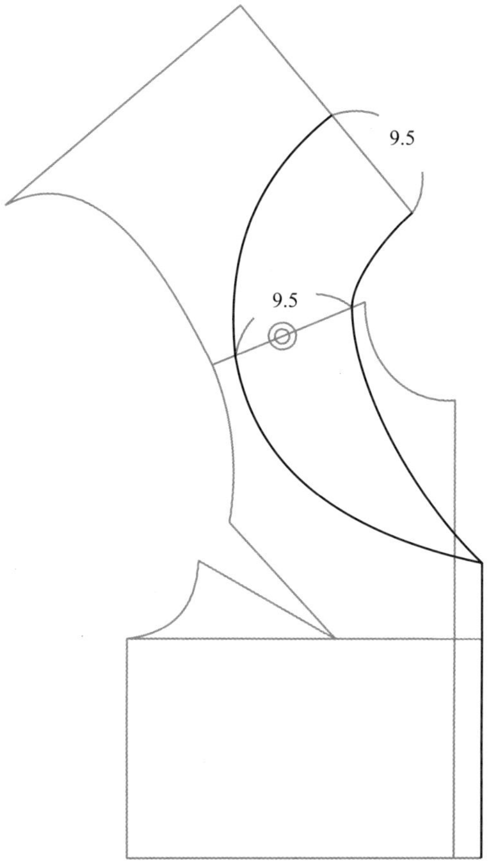

图5-23

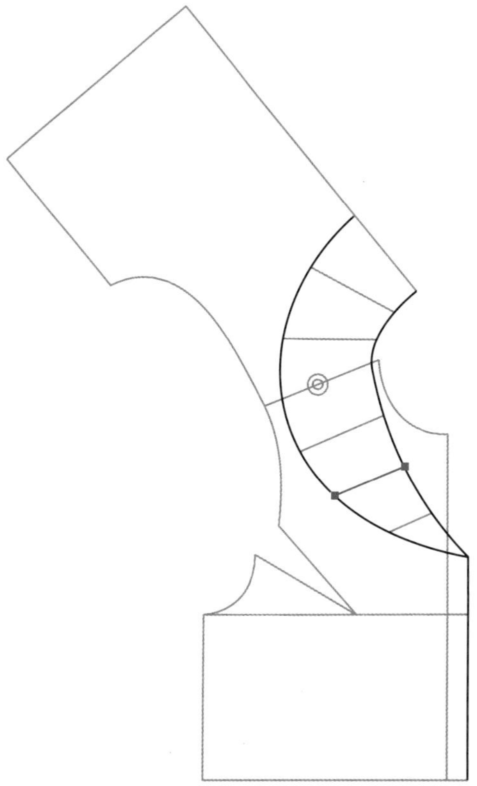

图5-24

线），单击分割线，单击右键确定固定侧后领中线，弹出【单向展开或去除余量】对话框，在对话框的【平均伸缩量】选项中填入4（cm），单击【确定】完成操作。用智能笔工具 和调整工具 勾画好波浪形袒领轮廓（图5-25）。

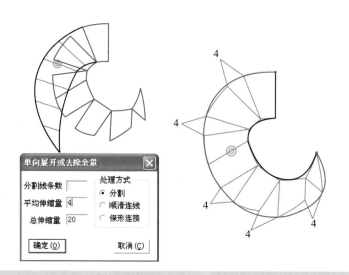

图5-25

袒领结构设计视频

袒领结构设计

任务三　立领结构设计

立领是只有领座没有领面的领型。

一、立领结构设计原理

立领的结构设计可以与配领分离或依赖于前领圈弧线配领。立领根据领宽和领深的变化可分为常规型立领和变化型立领。

二、常规型立领

1. 款式图

常规型立领款式图如图5-26所示。

2. CAD制图步骤

（1）在原型领基础上，用智能笔工具 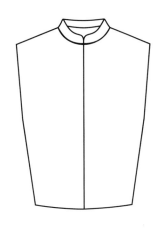 把前直开领加深1 cm（图5-27），并调整好领圈弧线，画出前领圈弧线的切线（图5-28）。

图5-26

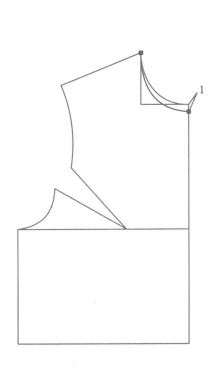

图5-27

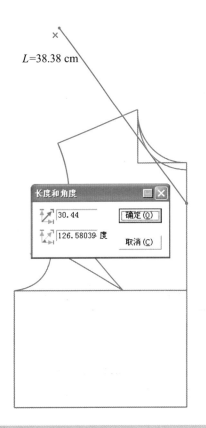

图5-28

（2）用皮带尺工具 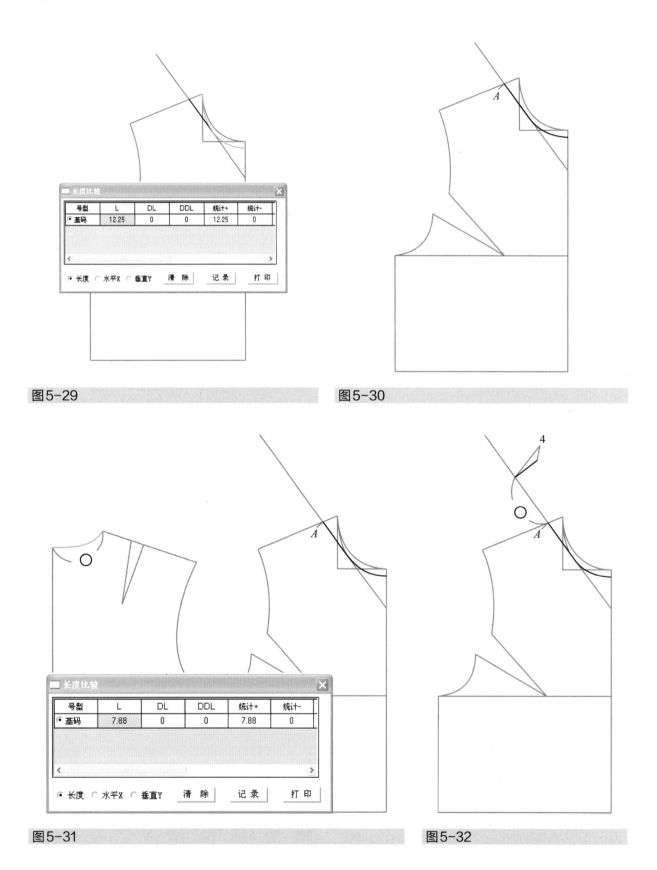 自领切点向上量取前领圈弧长（图5-29）。用智能笔工具
在领切线上作等长点，确定领肩同位点A（图5-30）。用皮带尺工具量取后领弧长○，
确定后领中线4 cm（图5-31、图5-32）。

图5-29

图5-30

图5-31

图5-32

（3）将智能笔工具 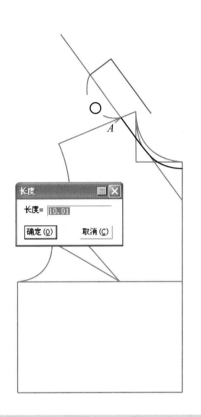 转换成直角板工具，画出后领中线的垂线（图5-33）。用智能笔工具 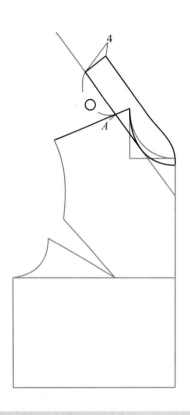 画出领口线并调整好领底弧线（图5-34）。

三、变化型立领

1. 款式图

变化型立领款式图如图5-35所示。

图5-33

图5-34

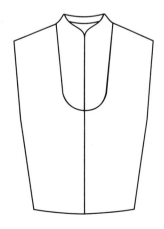

图5-35

2. CAD制图步骤

（1）在原型领基础上，用智能笔工具 定出前直开领深为胸围线上移3 cm，画出U形前领圈，并调整好U形领圈弧线（图5-36）。

（2）按原型领圈做出立领的结构图，定出基本型领肩同位点*A*，后领中线、领口线操作方式同常规型立领（图5-37）。

（3）用智能笔工具 画出变化型立领领底弧线（图5-38）。用皮带尺工具 量取

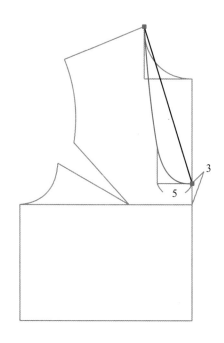

图5-36

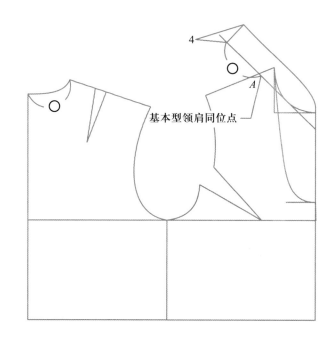

图5-37

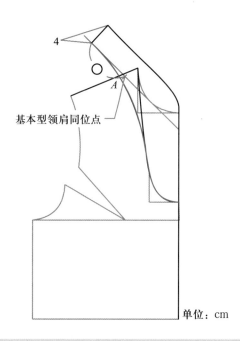

图5-38

U形领圈弧线长（25.07），定出变化型领肩同位点（图5-39、图5-40）。

（4）用智能笔工具，通过变化型领肩同位点用旋转工具做展开线（图5-41），展开量为★即变化型领肩同位点与基本型领肩同位点的距离（图5-42），并画顺领底弧线和领口线，完成变化型立领绘制（图5-43）。

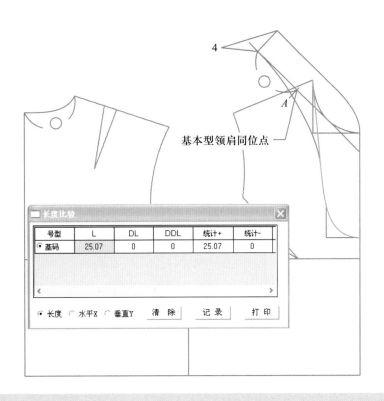

图5-39

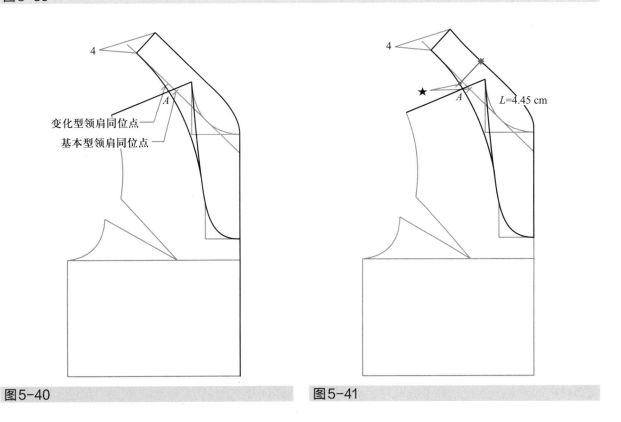

图5-40　　　　　　　　　　　　　　　　　　图5-41

四、连衣立领

1. 款式图

连衣立领款式图如图5-44所示。

2. CAD制图步骤

（1）在原型领基础上，用智能笔工具 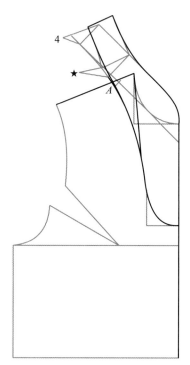 将前直开领加深1 cm，绘出2 cm叠门宽。定好领胸省的位置（图5-45）。

图5-42

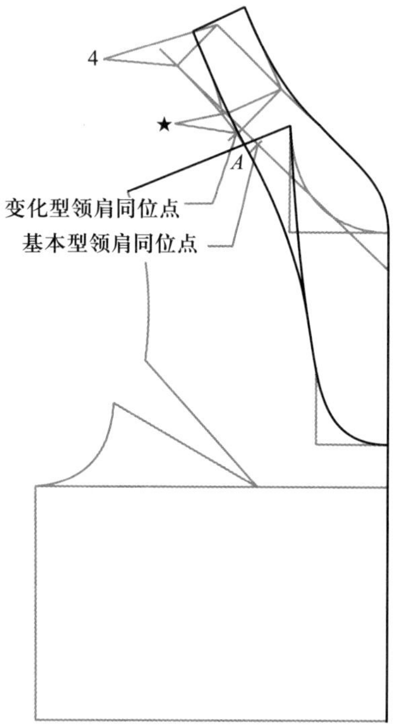

图5-43

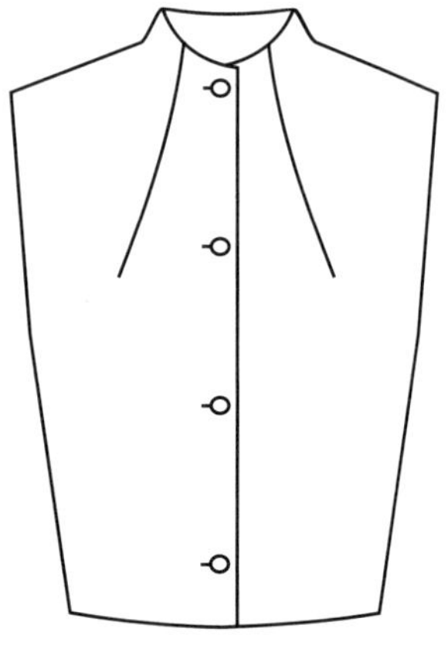

变化型领肩同位点

基本型领肩同位点

图5-44

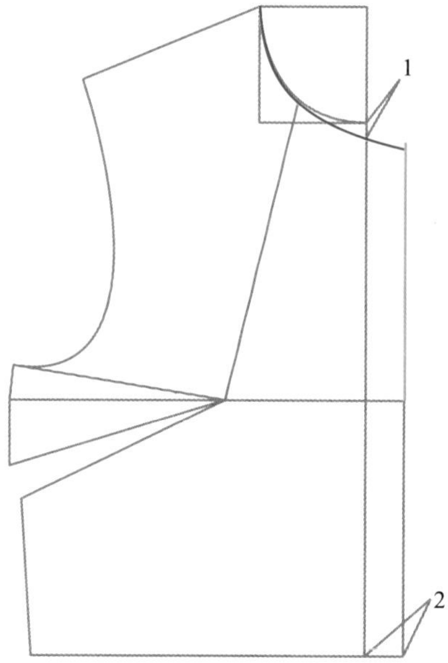

图5-45

（2）用旋转工具 把侧胸省转到领胸省处（图5-46）。

（3）用智能笔工具 画好领胸省，再定出驳口线（图5-47）。

（4）用皮带尺工具 量取后领圈弧线长○（图5-48、图5-49）。将智能笔工具 转换为直角板工具，定出领座5 cm并画好连衣立领（图5-49、图5-50）。

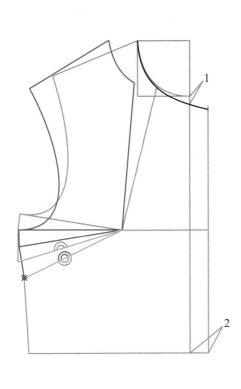

图5-46

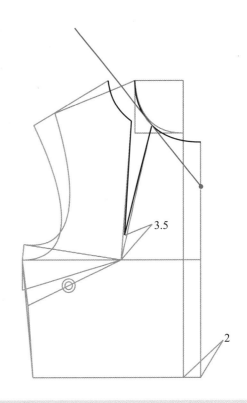

图5-47

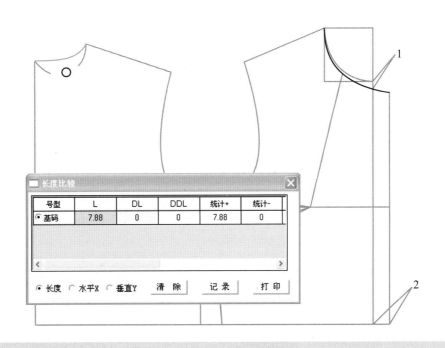

图5-48

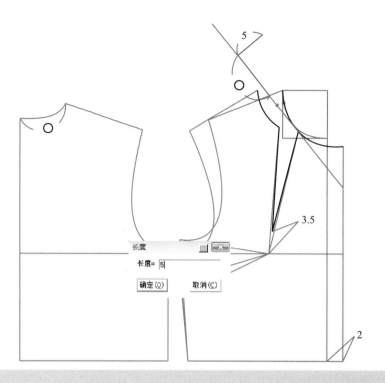

图5-49

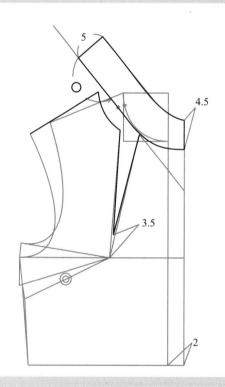

图5-50

立领结构设计视频

立领结构设计

任务四　翻驳领结构设计

翻领是应用最为广泛的衣领款式，由领座和翻领组成的。

一、翻驳领结构设计原理

翻驳领通过领座和翻领的变化构成款式的基本变化。衣领的前领造型可以分为关门式翻驳领和开门式翻驳领。

二、关门式翻驳领

1. 款式图

关门式翻驳领款式图如图5-51所示。

2. 制图规格

单位：cm

部位	领座高（a）	翻领宽（b）
规格	3	4

3. CAD制图步骤

（1）在原型领基础上，用CR圆弧工具 以上平线与前中线的交点为圆心，以（领宽 $-0.8a$）为半径作领基圆。将智能笔工具 放在腰节线与前中线的交点处，按住右键向上拉出水平垂直线，单击左键，在弹出的对话框中输入宽2长35，单击【确定】完成叠门绘制（图5-52）。

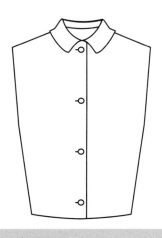

图5-51

（2）用智能笔工具 ∠ 加深直开领深2 cm，并调整领圈弧线（图5-53、图5-54）。

（3）用智能笔工具 ∠ 连接前领中点并过领基圆作切线（驳折线）（图5-55）。

（4）用智能笔工具 ∠ 拖出平行线，在对话框中输入0.9*a*（2.7），画出驳折线的平行线（图5-56）。

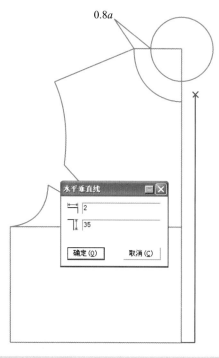

图5-52

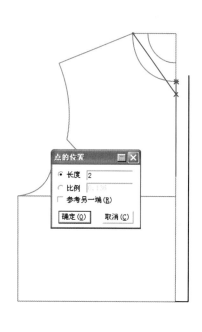

图5-53

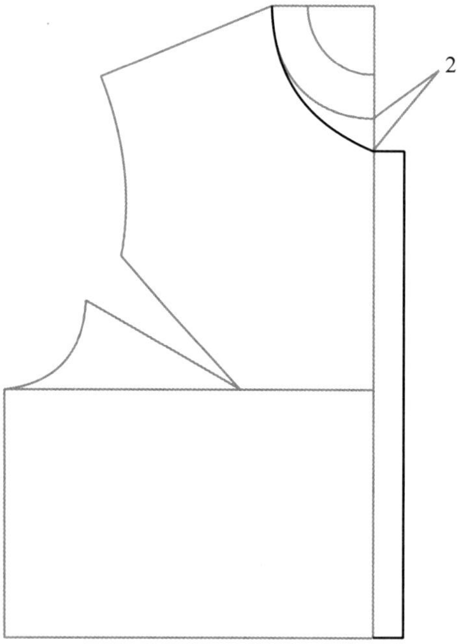

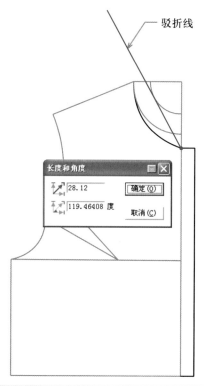

图5-54

图5-55

（5）选中智能笔工具 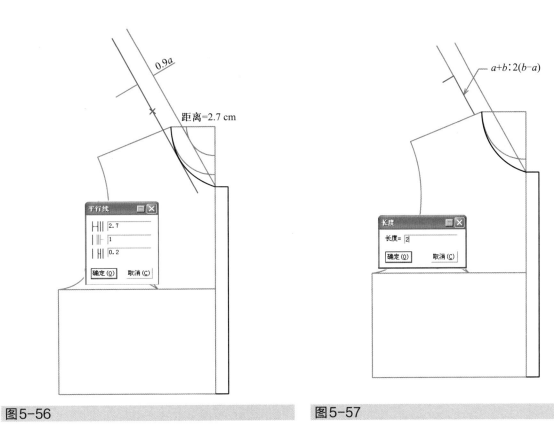 并按住Shift键拖出直角板工具，在【点的位置】对话框中输入 $a+b$，画出垂直线 $2（b-a）$，画出驳领松斜度 $a+b：2（b-a）$（图5-57）。

（6）用皮带尺工具 量取前、后领圈弧长20.45（图5-58）。用智能笔工具 连接领底线（图5-59）。

图5-56

图5-57

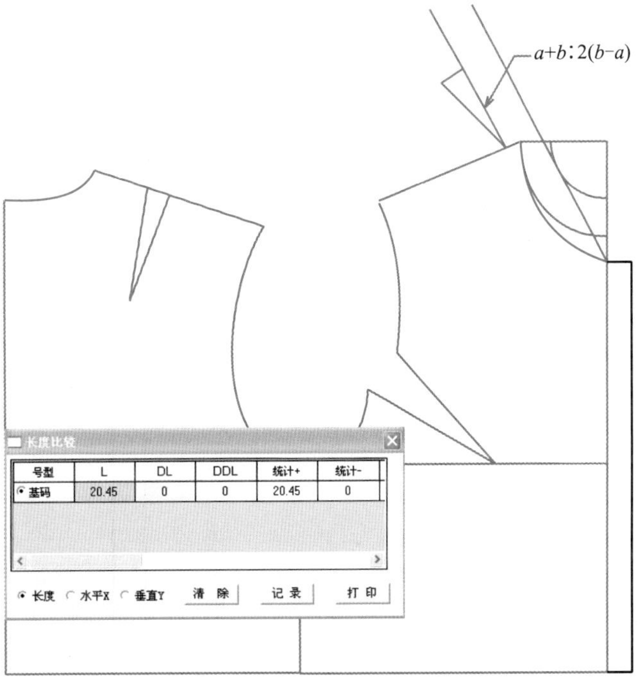

图5-58

（7）用智能笔工具 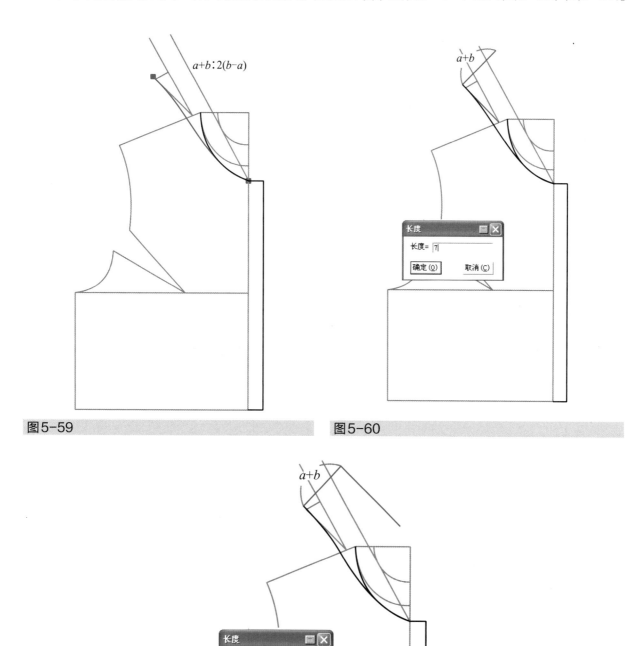 作领底线的垂线，定出后领中线长 $a+b=7$ cm（图5-60、图5-61）。

$a+b:2(b-a)$

$a+b$

图5-59

图5-60

$a+b$

图5-61

（8）用智能笔工具 通过前领中点画7 cm的前领角长并画顺领外围线（图5-62、图5-63）。

（9）用智能笔工具 画顺领座翻折线（图5-64、图5-65）。

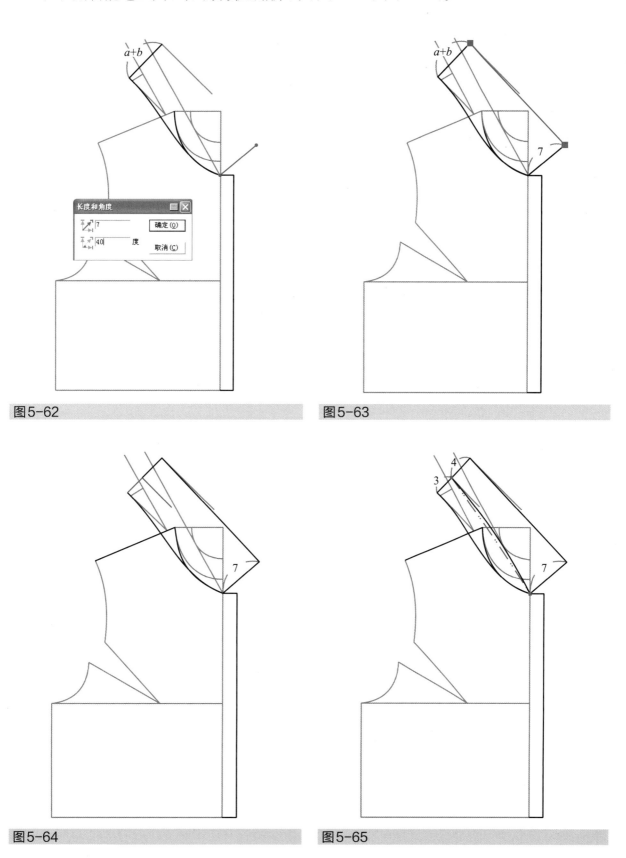

图5-62

图5-63

图5-64

图5-65

三、开门式翻驳领——弯驳口

1. 款式图

开门式翻驳领——弯驳口款式图如图5-66所示。

2. 制图规格

单位：cm

部位	领围	领座高（a）	翻领宽（b）
规格	40	3	4

3. CAD制图步骤

（1）用智能笔工具 先画出劈门量1.5 cm（图5-67），再画出横开领大N/5 = 7.5 cm、直开领深8.5 cm。将智能笔工具 放在腰节线与前中线的交点处，按住右键向上拉出水平垂直线，单击左键，在弹出的对话框中输入宽2.5，单击【确定】完成叠门绘制（图5-68）。

（2）用智能笔工具 从领肩点向前中画出0.8a宽水平线，并从这一点连接胸围线向下6 cm点，画出驳折线（图5-69），再画好前衣片领圈弧线（图5-70）。

（3）用智能笔工具 在衣片上画好领型（图5-71）。再用对称工具 把领形对称画好（图5-72）。

图5-66

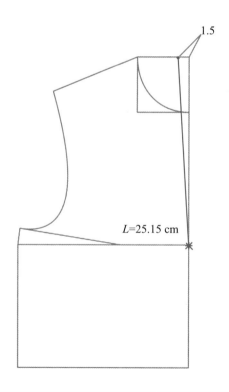

图5-67

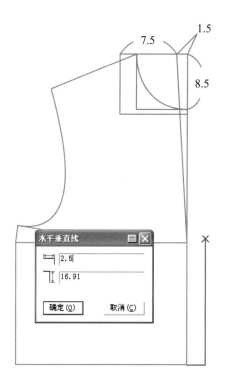

图5-68

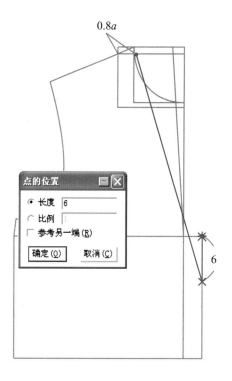

图5-69

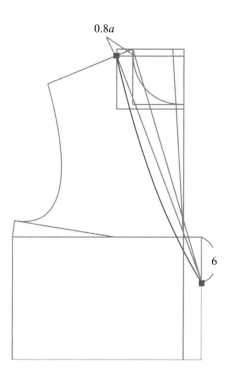

图5-70

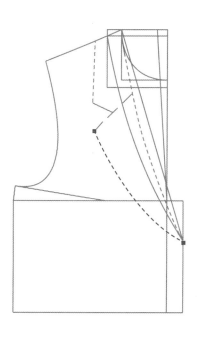

图5-71

（4）用智能笔工具▱在衣片上画出驳领松斜度，画法同前（图5-73）。

（5）用智能笔工具▱在后衣片上定出后横开领宽8.5 cm，画好后领圈后，用测量工具▱测出后领圈大8.47 cm（图5-74）。在前衣片上画好领底线（图5-75、图5-76）。

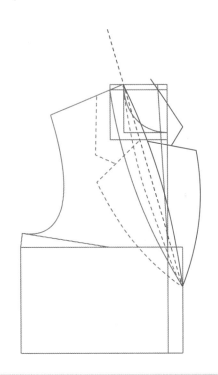

图5-72

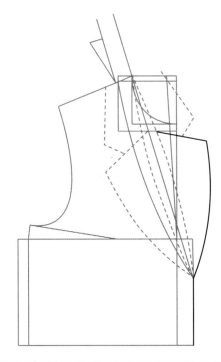

图5-73

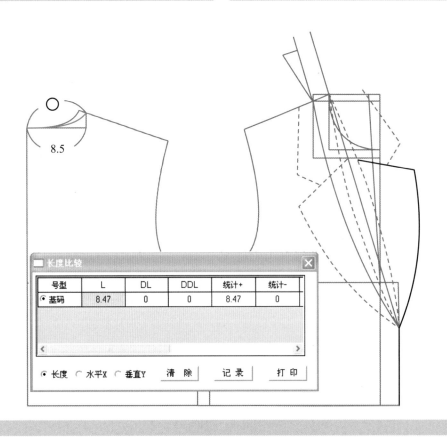

号型	L	DL	DDL	统计+	统计-
⊙ 基码	8.47	0	0	8.47	0

⊙ 长度　○ 水平X　○ 垂直Y　　清　除　　记　录　　打　印

图5-74

（6）用智能笔工具 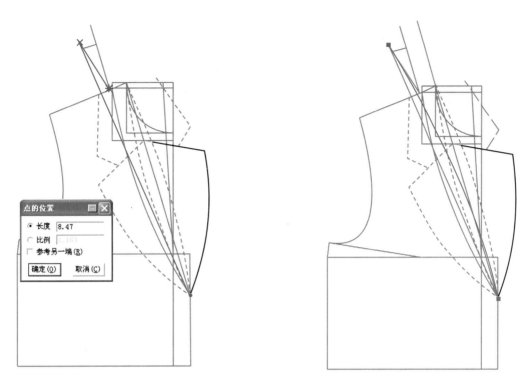 画出后领中线7 cm，领角宽3.5 cm及领外围线（图5-77）。

图5-75

图5-76

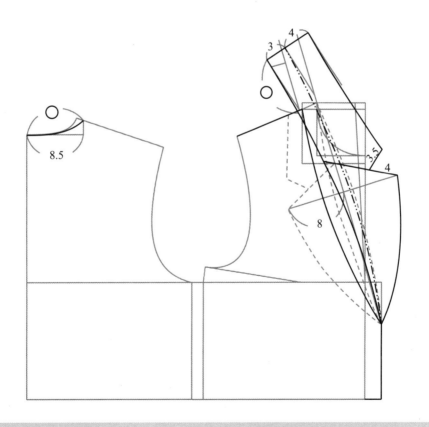

图5-77

四、开门式翻驳领——折驳口

1. 款式图

开门式翻驳领——折驳口款式图如图5-78所示。

2. 制图规格

单位：cm

部位	领围	领座高（a）	翻领宽（b）
规格	40	3	4

3. CAD制图步骤

（1）用智能笔工具 先画出劈门量1.5 cm，再画出前横开领大N/5＝7.5 cm、直开领深8 cm、后横开领宽8 cm，并画好后领圈。将智能笔工具 放在腰节线与前中线的交点处，按住右键向上拉出水平垂直线，单击左键，在弹出的对话框中输入宽2.5 cm，单击【确定】完成叠门绘制（图5-79）。

（2）用智能笔工具 从领肩点向前中画出0.8a宽水平线，并从这一点连接胸围线向下5 cm点画出驳折线（图5-80）。在前衣片上画好领的造型（图5-81）并用对称工具 把领形对称画好（图5-82、图5-83）。

（3）用智能笔工具 在衣片上画出0.9a的驳领松度。先量取领圈弧长，再用圆规工具

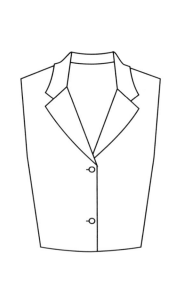

图5-78

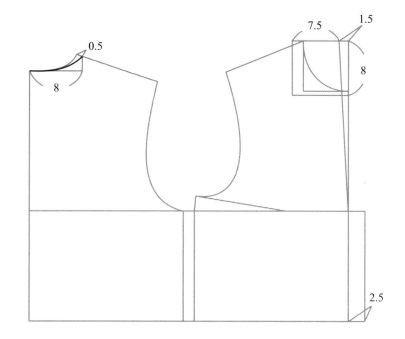

图5-79

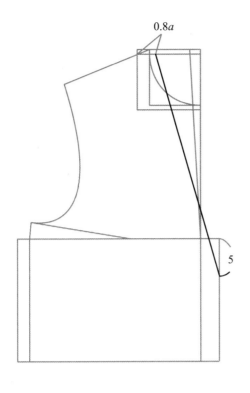

图5-80

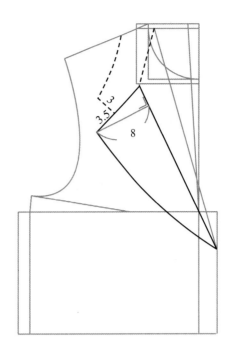

图5-81

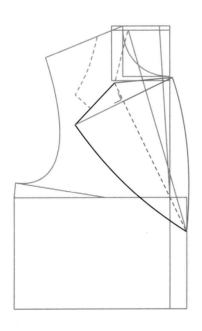

图5-82

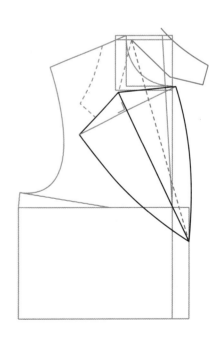

图5-83

A 量取等长的串口线（图5-84、图5-85），再画出驳领松斜度 $a+b$ ：$2(b-a)$（图5-86）。

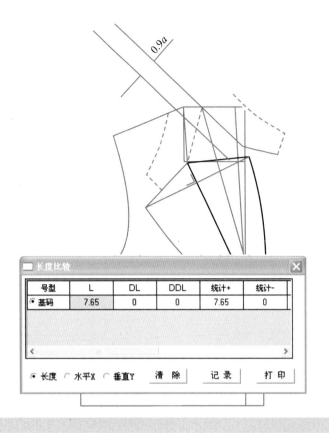

图5-84

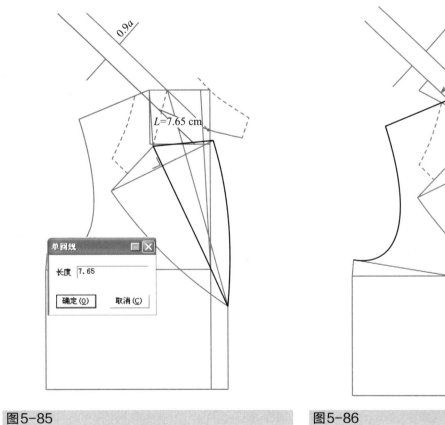

图5-85

图5-86

（4）用智能笔工具 ✐ 完成后领底线、领中线、领外围线及领角线绘制（图5-87）。

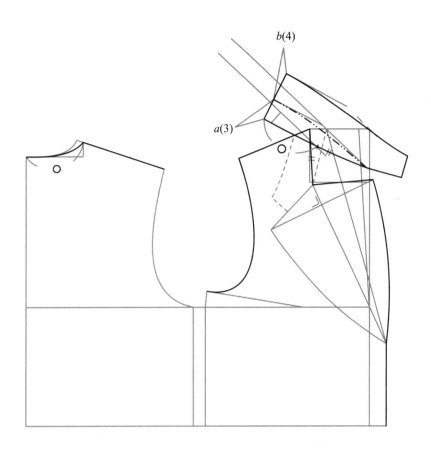

图5-87

翻驳领结构设计视频

开门式翻驳领　弯驳口

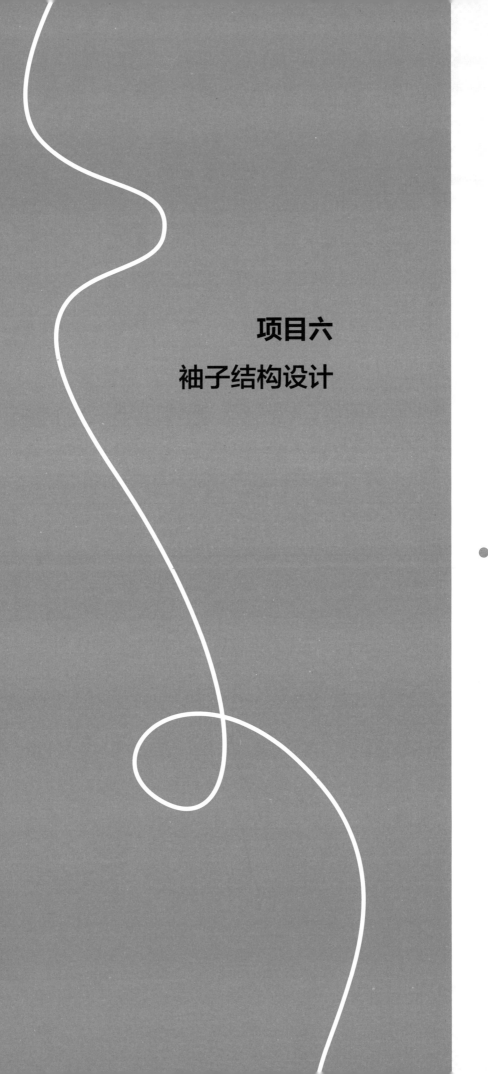

项目六

袖子结构设计

袖子是服装构成的一个重要部分，袖子大致可分为两大类，即圆装袖和连袖。袖子的式样造型很多，从宽松到合体，从长到短，不管哪一种袖子都可以从基础结构中变化而成。本项目基础袖子纸样参照项目三任务二新文化式袖原型制图方法。

任务一　圆装袖结构设计

一、肘部收省的合体一片袖

1. 款式图及特征
袖山为较贴体型，袖身符合人体手臂自然向前弯曲的形状。一片袖肘部收肘省，常用于女时装或长袖旗袍服装中（图6-1）。

2. 制图规格
单位：cm

部位	袖长	1/2袖口	前AH	后AH
规格	55	12	21.17	22.59

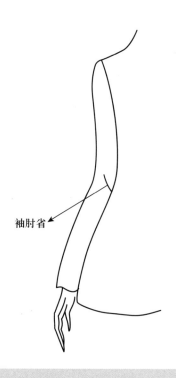

袖肘省

图6-1

3. CAD制图步骤

（1）绘制基础袖子：运用移动工具 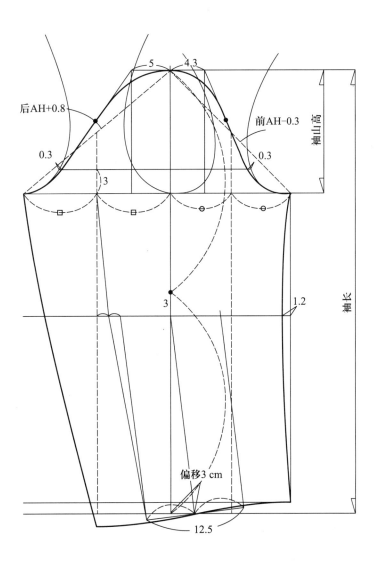 移出前后袖窿弧线，确定袖山高，袖山高的确定根据袖肥尺寸、袖山弧线吃势量等要求综合考虑，一般以平均袖窿深的5/6来确定。然后确定前后袖肥，运用圆规工具 ▲ 量取前袖窿弧线长减去0.3 cm为前袖山斜线长度，后袖窿弧线加0.8 cm为后袖山斜线长度，最后确定袖肥大。根据基础袖子的方法先绘制出袖山弧线。袖肘线运用等分规 ▭ 工具取袖长的1/2再向下3 cm确定。从袖肘处向前袖口方向偏移3 cm为中点两边平分袖口大。然后在前袖缝袖肘处凹进1.2 cm，后袖缝凸出量根据后袖口与后袖肥连接线在袖肘处取中点连顺绘出，运用调整工具 ⬉ 将前后袖底缝线调节流畅。袖口线调整为前袖口线内凹，后袖口线外凸，符合手臂弯曲形状（图6-2）。

图6-2

（2）确定袖肘省位置：取后袖肘围大的1/2为肘点，运用智能笔工具 ✐ 经过中点画后袖缝线的垂直线（图6-3）。运用皮带尺工具 ⬚ 将后袖缝线减去前袖缝线的差量作为袖肘省大（图6-4）。

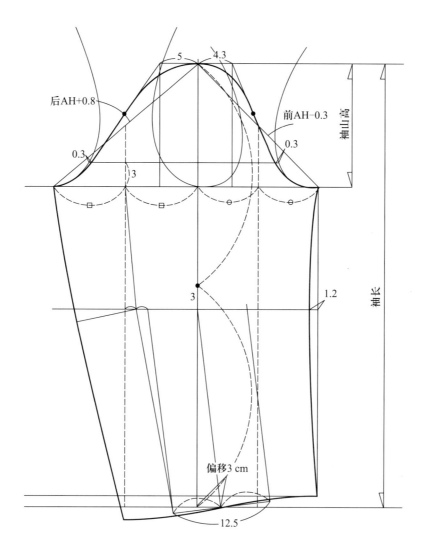

图6-3

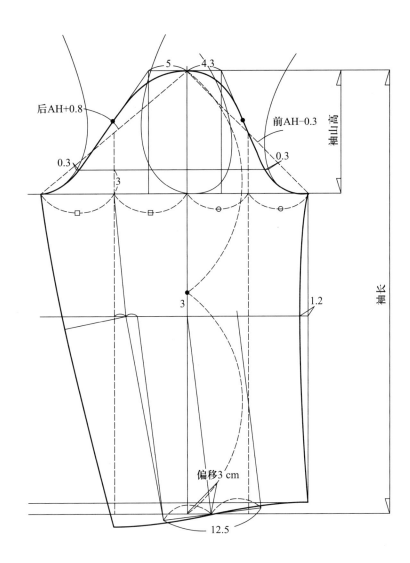

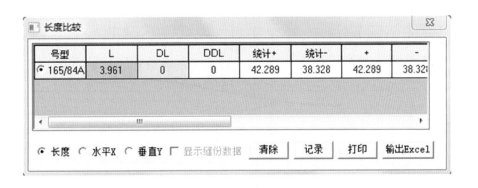

图6-4

（3）画袖肘省：运用收省工具 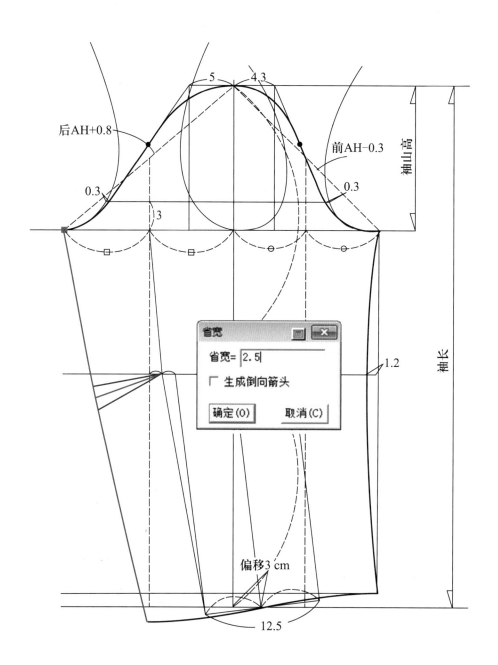 将袖肘省画出并调整，最后完成合体一片袖（图6-5至图6-7）。

图6-5

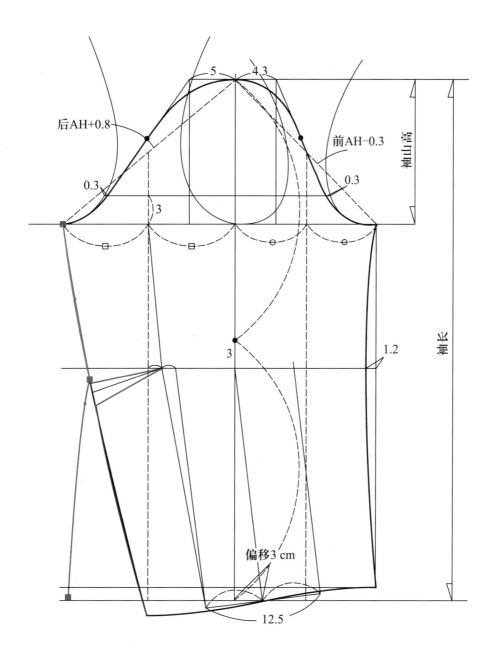

图6-6

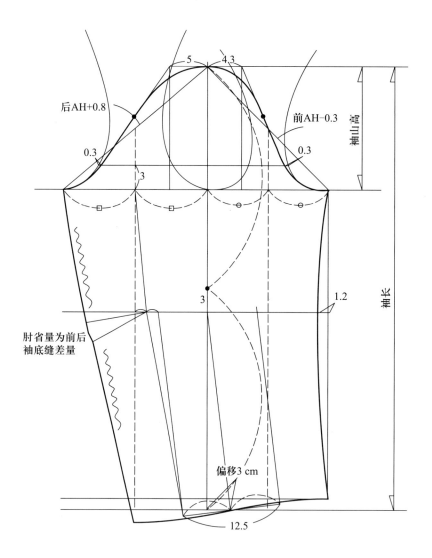

后AH+0.8

前AH−0.3

袖山高

袖长

0.3

0.3

5

4.3

3

3

1.2

偏移3 cm

12.5

肘省量为前后
袖底缝差量

图6-7

（4）要点说明：胸围线与袖肥线重叠，前袖山弧线与前袖窿弧线袖标点至胸侧点完全吻合；后袖山弧线与后袖窿弧线后对位标记至胸侧点基本吻合（图6-8）。

二、带袖口省的泡泡袖

1. 款式图及特征
袖山为有抽褶的泡泡袖，袖身为弯身型的一片袖，但袖身上的省收在袖口处。多用于女时装或女长袖连衣裙中（图6-9）。

2. 制图规格

单位：cm

部位	袖长	1/2袖口	前AH	后AH
规格	55	11	21.17	22.59

3. CAD制图步骤
（1）在一片合体袖（有袖肘省）的基础上，将后袖口大的1/2作为袖口省的位置。运用智能笔工具 ✏ 连接省尖点，然后运用剪断线工具 ✂ 将袖口线沿着袖口省位置剪断。运用转省工具 🗒 选择转移线，单击右键确定，选择新省线，单击右键确定，最后选择合并省的起始边，再选择合并省的终止边，完成省道转移（图6-10至图6-12）。

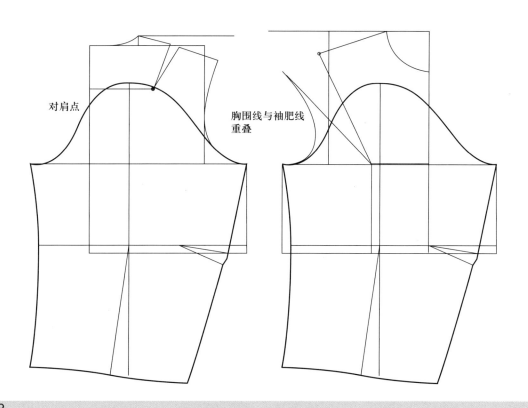

对肩点

胸围线与袖肥线
重叠

图6-8

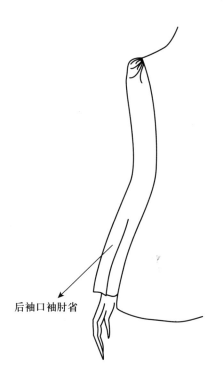

后袖口袖肘省

图6-9

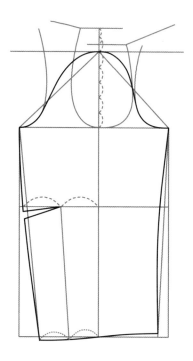

图6-10

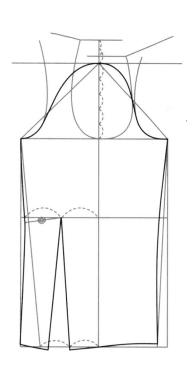

图6-11

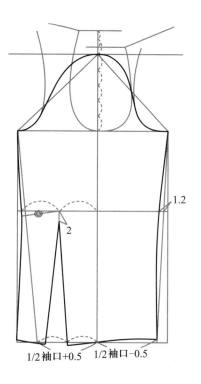

1.2

2

1/2袖口+0.5   1/2袖口-0.5

图6-12

（2）作袖山抽褶部分：运用智能笔工具 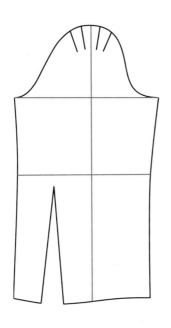 在袖山弧线上定出抽褶的位置，然后运用插入省褶工具 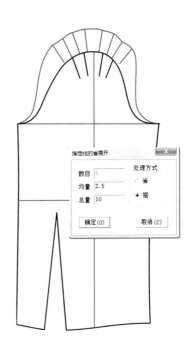 在袖山抽褶线上加入抽褶量，抽褶量多少视款式来定（图6-13至图6-15）。

图6-13

图6-14

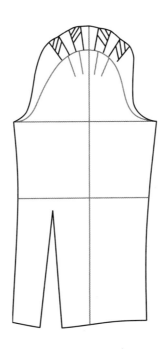

图6-15

三、两片式合体袖

两片式合体袖是由一片式合体袖转变而来的，通过大小袖的分片设计所得到的结构造型更加完美、服贴。下面进行合体式两片袖结构制图。

1. 制图规格

单位：cm

部位	袖长	1/2袖口	前AH	后AH
规格	55	12	21.17	22.59

2. CAD制图步骤

（1）先按一片式合体袖原理画出袖山高、袖肥、袖肘线、袖长线。

（2）运用等分规工具 将前袖肥大、后袖肥大2等分（图6-16）。

（3）运用对称工具 将前后袖山弧线对称到小袖片中（图6-17）。

（4）运用智能笔工具 将前袖里弯线袖肥处同时进出3 cm，确定前袖片分割线，同样将后袖里弯线同时进出1.2 cm，确定后袖片分割线（图6-18）。

（5）运用智能笔工具 确定袖口大尺寸，画出前后袖缝，最后完成两片袖制图（图6-19、图6-20）。

（6）将成型后的袖片袖肥线与胸围线重叠，前胸宽线与前袖里弯线重叠，前后袖窿弧线完全吻合。如果袖型要偏前或偏后可调整前袖里弯线（图6-21）。

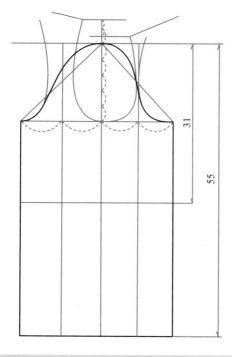

图6-16

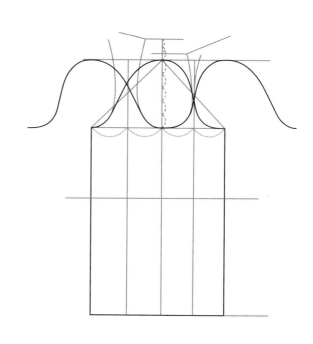

图6-17

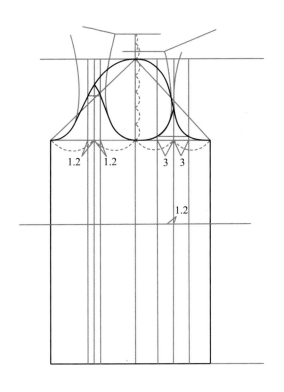

图6-18

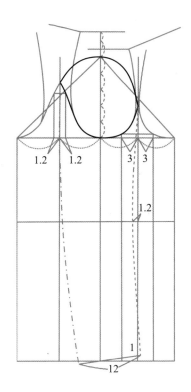

图6-19

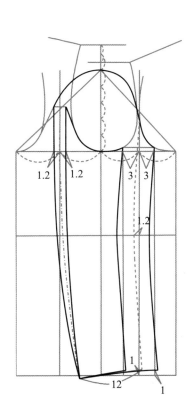

图6-20

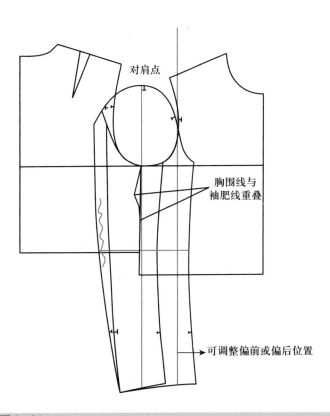

对肩点

胸围线与
袖肥线重叠

可调整偏前或偏后位置

图6-21

四、只有袖背缝的一片式合体袖

1. 款式图

只有袖背缝的一片式合体袖的款式图如图6-22所示。

2. 制图规格

单位：cm

部位	袖长	1/2袖口	前袖窿弧线长 （AH）	后袖窿弧线长 （AH）
规格	55	11	21.17	22.59

3. CAD制图步骤

（1）首先按一片式合体袖原理画出袖肥、袖山弧线、袖长线等。

（2）运用智能笔工具 和等分规工具 将后袖肥2等分确定分割线，把袖肘省转移至袖口分割线中（图6-23、图6-24）。

（3）合并袖底缝。运用对接工具 将小袖片袖底缝合并（图6-25）。

（4）画顺袖口并标出袖片上所有对位符号（图6-26）。

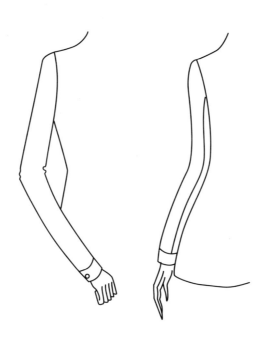

图6-22

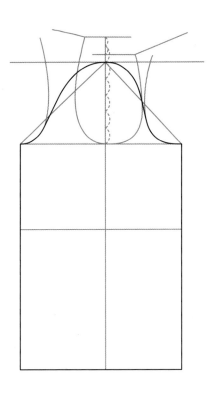

图6-23

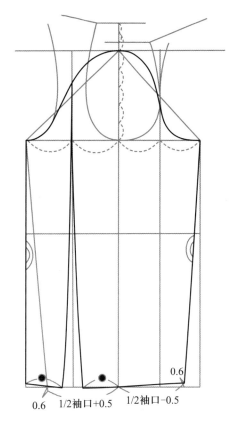

0.6　　1/2袖口+0.5　1/2袖口-0.5

图6-24

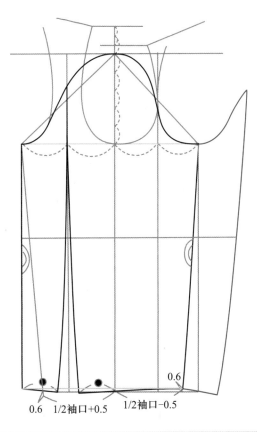

0.6　1/2袖口+0.5　　1/2袖口-0.5

图6-25

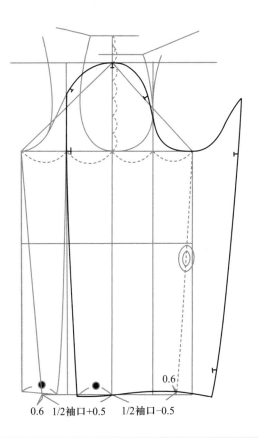

0.6　1/2袖口+0.5　　1/2袖口-0.5

图6-26

五、耸肩袖

1. 款式图

耸肩袖款式图如图6-27所示。

2. 制图规格

单位：cm

部位	袖长	1/2袖口	前AH	后AH
规格	55	11	21.17	22.59

3. CAD制图步骤

（1）耸肩袖在合体一片袖的基础上进行变化，因此先画出合体一片袖结构，后袖缝分开，具体制图方法同上一款（图6-28）。

（2）运用智能笔工具 向上拖动袖山深线3 cm，然后运用旋转工具 将袖山拉开相应的量，画顺袖山弧线（图6-29）。

（3）运用智能笔工具 往下拖动袖山弧线3 cm作为耸肩量。选择智能笔工具 ，根据款式造型需要画好袖子分割线（图6-30）。

（4）运用去除余量工具 选择前后袖山耸肩部分，单击右键确定，单击不伸缩线，单击伸缩线，单击右键确定，在相应的对话框内输入折叠量。注意：折叠量视具体耸起

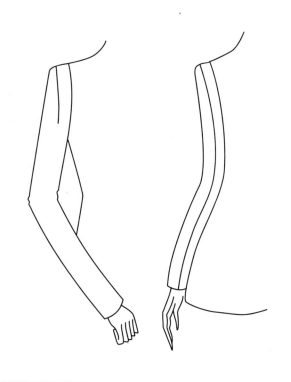

图6-27

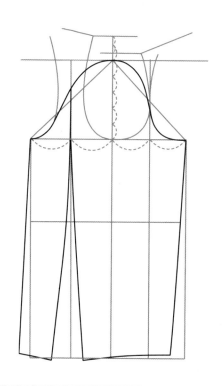

图6-28

量来确定，折叠量越大，耸起越高，反之则越低。最后还要保证袖山弧线长度与衣身袖窿弧线长度相等（图6-31、图6-32）。

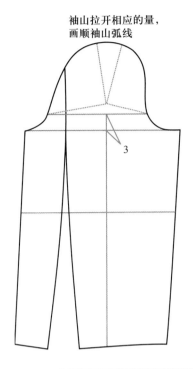

袖山拉开相应的量，画顺袖山弧线

3

图6-29

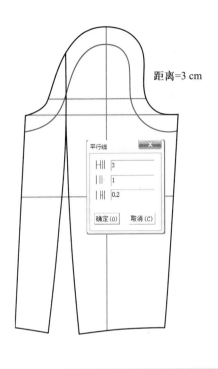

距离=3 cm

平行线

H‖‖ 3
‖‖‖ 1
‖H‖ 0.2

确定(0)   取消(C)

图6-30

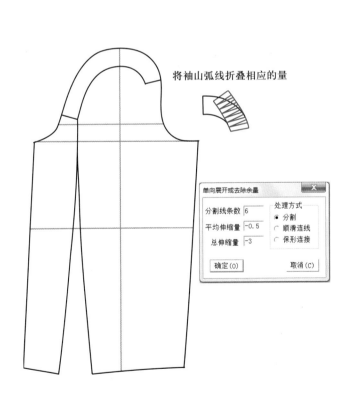

将袖山弧线折叠相应的量

单向展开或去除余量

分割线条数   6
平均伸缩量   -0.5
总伸缩量   -3

处理方式
● 分割
○ 顺滑连线
○ 保形连接

确定(0)   取消(C)

图6-31

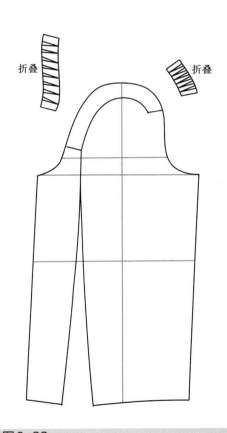

折叠   折叠

图6-32

（5）运用对接工具 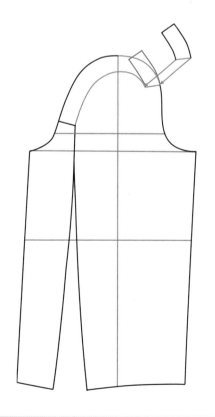将前后耷肩部分对接到大小袖片上去，最后用智能笔工具 和调整工具 画顺袖山弧线（图6-33、图6-34）。

六、羊腿袖

1. 款式图及特征
此种袖款经常运用于婚纱礼服中，袖肘以下较为贴体，袖肘以上较为夸张，上粗下细形似羊腿（图6-35）。

2. 制图规格

单位：cm

部位	袖长	1/2袖口	前袖窿弧线长	后袖窿弧线长
规格	60	12	21.17	21.9

3. CAD制图步骤
（1）先绘制出带袖肘省的合体一片袖的基本袖型，然后选择旋转工具 将袖肘省转移至袖口省（图6-36）。

（2）在基本袖型上先沿袖中线剪切至袖肘处，并向两端剪开拉开，接着再由袖中线

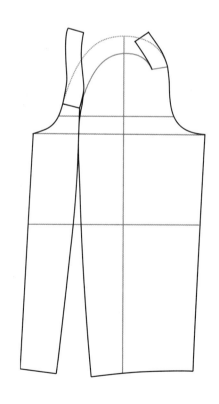

图6-33

图6-34

沿袖肥线向两端剪开拉开。选择剪断线工具 将要转移的线剪断，接着选择旋转工具
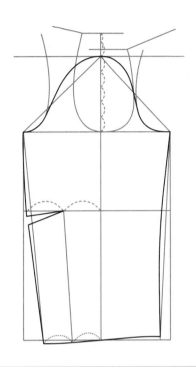拉开，拉开的量根据款式效果而定（图6-37）。

（3）选择调整工具 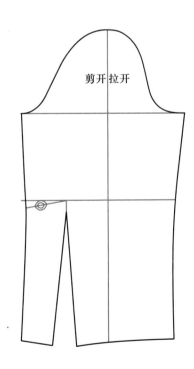调顺袖山弧线及袖底弧线（图6-38）。

图6-35

图6-36

图6-37

图6-38

七、礼服袖

1. 款式图及特征

此种袖型同羊腿袖一样，常用在婚纱礼服上，此款在袖中间3 cm处放出横向抽褶（图6-39）。

2. 制图规格

单位：cm

部位	袖长	1/2袖口	前袖窿弧线长	后袖窿弧线长
规格	60	12	21.17	21.9

3. CAD制图步骤

（1）先绘制出带袖肘省的合体一片袖基本袖型，然后选择旋转工具 将袖肘省转移至袖口省（图6-40）。

（2）选择智能笔工具 以袖中线为基准线向两边1.5 cm各画一条垂直线，自袖山深线向下每间隔3 cm画一条平行线（图6-41）。

（3）选择展开工具 单击不伸缩线，单击伸缩线，输入平均拉开量2 cm，最后保形连接（图6-42）。后袖山弧线拉开方法同前，最后完成整体结构图（图6-43、图6-44）。

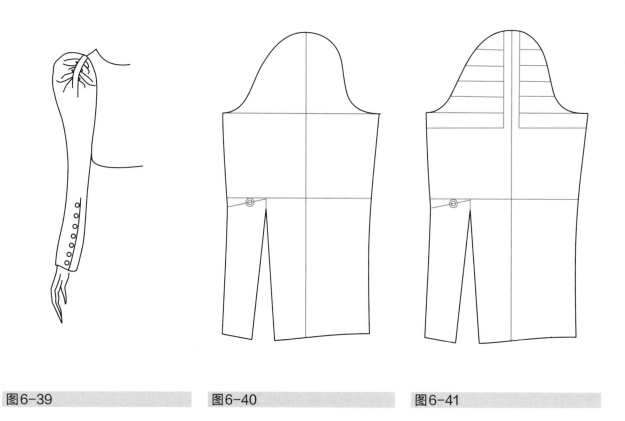

图6-39　　　　　　　　　　　　图6-40　　　　　　　　　　　　图6-41

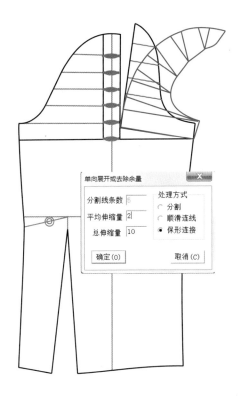

图6-42

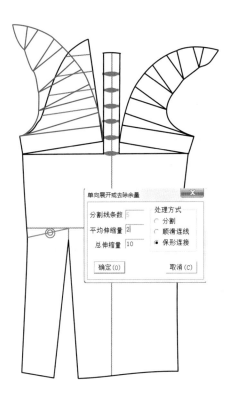

图6-43

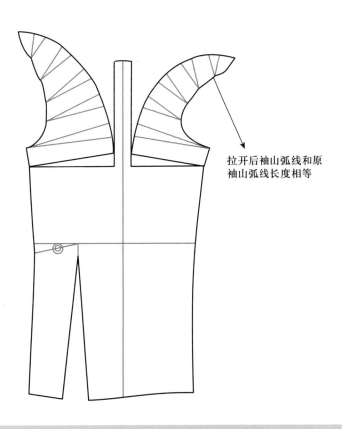

拉开后袖山弧线和原
袖山弧线长度相等

图6-44

八、袖子变化——泡泡袖

1. 款式图

泡泡袖款式图如图6-45所示。

2. 制图规格

单位：cm

部位	袖长	1/2袖口	前袖窿弧线长	后袖窿弧线长
规格	25	14	21.17	21.9

3. CAD制图步骤

（1）根据一片袖的制图方法绘制一片袖袖山弧线，袖长为25 cm。选择智能笔工具 ✎ 画出前、后袖口宽，前袖口宽为1/2袖口 −0.5 cm，后袖口宽为1/2袖口 +0.5 cm。

（2）选择智能笔工具 ✎ 单击袖山深线，往上拖动5 cm作平行线切开，接着沿袖中线切开相应的量。选择旋转工具 ⟲ 拉开。

（3）选择调整工具 ⟍ 调顺袖山弧线。袖底弧线与袖窿底部弧线吻合，可使袖子装上以后更服贴（图6-46）。

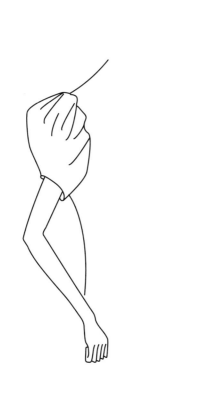

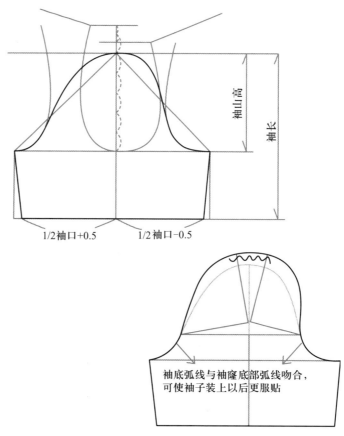

1/2袖口+0.5　　1/2袖口−0.5

袖山高

袖长

袖底弧线与袖窿底部弧线吻合，
可使袖子装上以后更服贴

图6-45

图6-46

九、袖子变化——垂褶袖

1. 款式图及特征

袖山部位有稳定型垂褶的袖，又称罗马袖。垂褶必须用45°斜丝绺，多用于夏季短袖时装、连衣裙等（图6-47）。

2. 制图规格

同上一款式（泡泡袖）。

3. CAD制图步骤

（1）根据一片袖的制图方法绘制出一片袖袖山弧线，袖长为25 cm。选择智能笔工具 ✎ 画出前、后袖口宽，前袖口宽为1/2袖口 −0.5 cm，后袖口宽为1/2袖口 +0.5 cm（图6-48）。

（2）选择智能笔工具 ✎ 根据款式特点在前后袖片上画出垂褶的位置，然后沿着袖中线和刚定出的垂褶位置剪开（图6-49）。

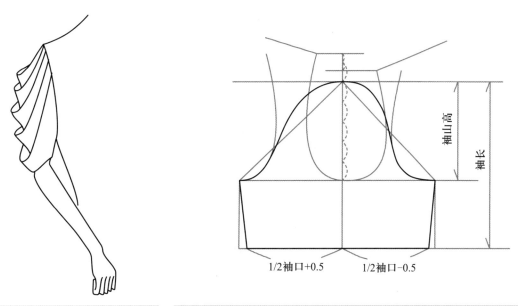

图6-47

图6-48

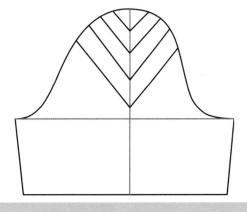

图6-49

（3）选择旋转工具 ⬡ 将前后袖片拉开相应的角度，具体拉开量根据款式垂褶量的大小来定（图6-50）。

（4）选择加省山工具 ⬡ 将褶裥处相连接，最后选择调整工具 ⬡ 调整袖口弧线及袖山弧线（图6-51）。

十、袖子变化——袖口收褶式泡泡袖

1. 款式图

袖口收褶式泡泡袖款式图如图6-52所示。

2. 制图规格

同泡泡袖款式。

3. CAD制图步骤

（1）首先按一片袖原理画出短袖（图6-53）。

（2）选择智能笔工具 ⬡ 确定袖口打褶的位置，然后选择剪断线工具 ⬡ 将要转移线的端点剪断，最后选择旋转工具 ⬡ 拉开褶量，褶量大小视款式效果来定（图6-54、图6-55）。

（3）选择调整工具 ⬡ 调整褶长，褶长的位置就是泡起的位置，然后选择加省山工具 ⬡ 将褶量处连接调顺（图6-56、图6-57）。

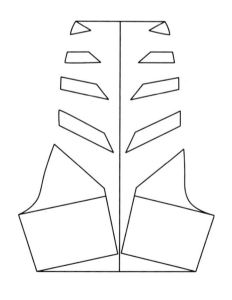

图6-50

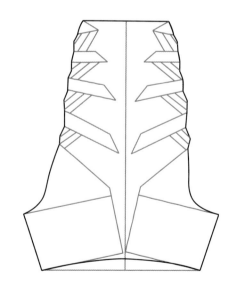

图6-51

十一、袖子变化——郁金香袖

1. 款式图及特征
郁金香袖又称蚌形袖、花瓣袖，一般用于晚装、礼服等服装中（图6-58）。

图6-52

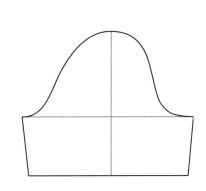

图6-53

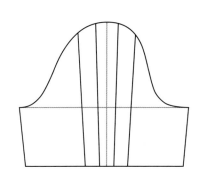

图6-54

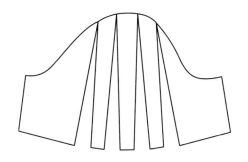

图6-55

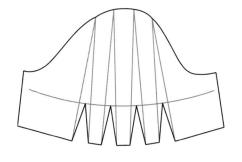

图6-56

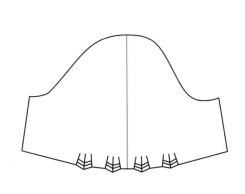

图6-57

图6-58

2. 制图规格

同泡泡袖款式。

3. CAD制图步骤

（1）首先按一片袖原理画出短袖（图6-59）。

（2）选择智能笔工具 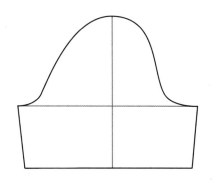 画出前后郁金香袖造型（图6-60）。

（3）选择对接工具 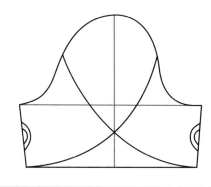 将袖底缝合并，选择调整工具 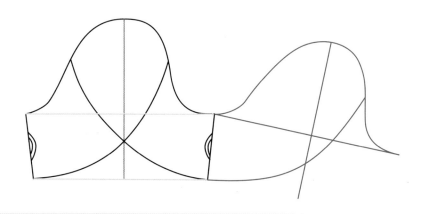 调顺袖山弧线（图6-61、图6-62）。

图6-59

图6-60

图6-61

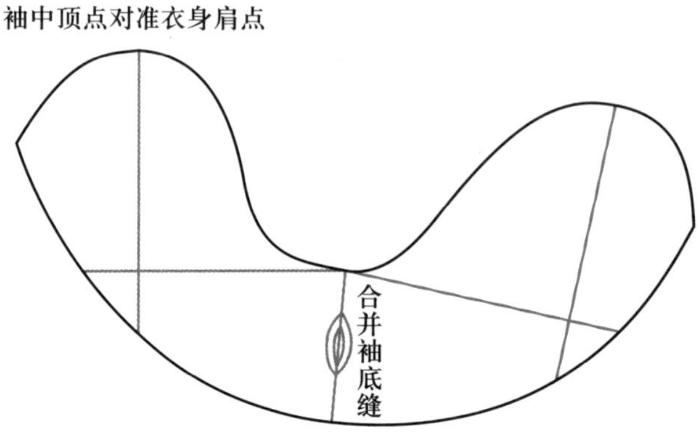

袖中顶点对准衣身肩点

合并袖底缝

图6-62

圆装袖结构设计视频

01合体一片袖框架制图

03一片袖有肘省制图

02一片袖袖山弧线制图

04两片袖制图

任务二 连袖结构设计

连袖即衣身某些部位和袖子相连接，如连肩袖（插肩袖）、连身袖、落肩袖。连袖的结构和圆装袖的结构原理一样，即袖山越高，袖肥就越小，袖子就越合体；袖山越低，袖肥就越大，袖子就越宽松。

一、宽松式连身袖（平袖）

1. 款式图及特征
宽松式连身袖常常与无基础省的衣身袖窿匹配，也可以与有基础省的衣身袖窿匹配。该袖子穿着起来有较大的活动量，但是当手臂自然下垂时，衣身前后袖窿处有较多的皱褶，影响服装外观效果（图6-63）。

2. 制图规格

单位：cm

部位	袖长	1/2袖口
规格	55	12

3. CAD制图步骤
（1）首先画好无基础省的宽松式衣身基础纸样。
（2）选择智能笔工具，按住Shift键，在肩端点光标亮起时，右击鼠标，弹出对话框，输入袖长尺寸，延长肩缝线为袖肥分界线（图6-64）。

（3）选择智能笔工具，按住Shift键变为垂直工具，量出袖长与袖肥分界线并画垂直线为袖口线，量出前袖口尺寸为1/2袖口－1 cm并做垂线与前腋点连接，画出前袖底线（图6-65）。

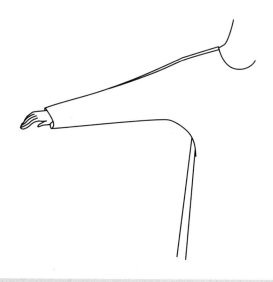

图6-63

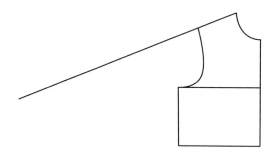

图6-64

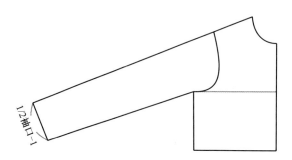

图6-65

（4）选择圆角工具 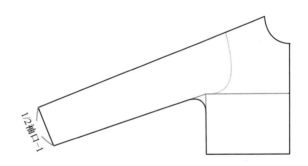 画顺前侧缝线与前袖底线的弧线（图6-66）。

（5）后连身袖制图步骤同前（图6-67）。

二、宽松式连身袖的变化

1. 款式图

宽松式连身袖的变化款式图如图6-68所示。

2. 制图规格

同连身袖款式。

3. CAD制图

宽松式连身袖袖型可作任意变化，图6-69所示是在宽松式连身袖的基础上进行结构变化的图例。

1/2袖口-1

图6-66

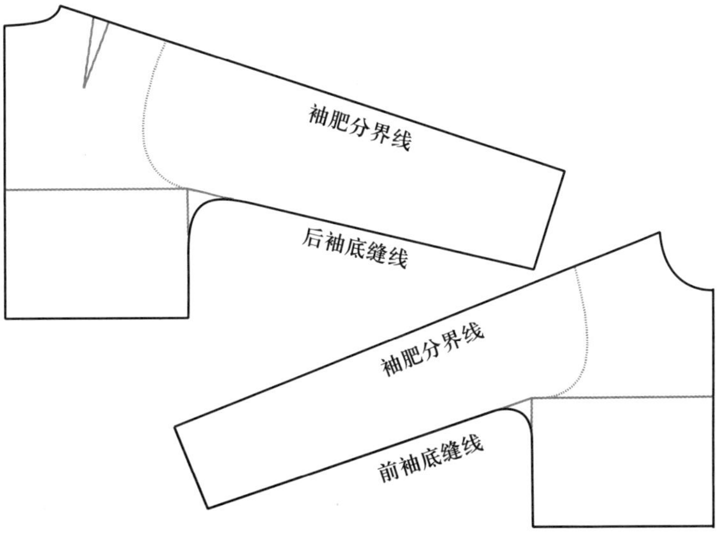

袖肥分界线

后袖底缝线

袖肥分界线

前袖底缝线

图6-67

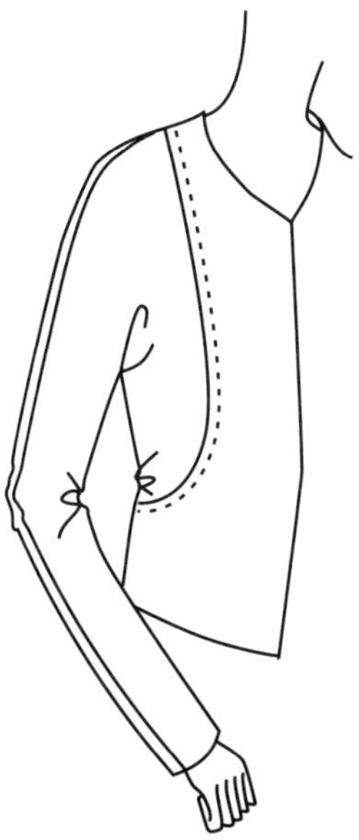

图6-68

三、插肩袖

1. 款式图及特征

该款插肩袖在衣身前后领口到袖窿下方加入斜线分割线，袖中线分开作为前后袖片袖肥的分界线，是两片式插肩袖结构（即由前、后两片构成）（图6-70）。

2. 制图规格

同连身袖款式。

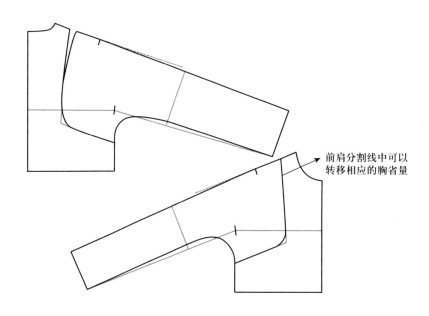

前肩分割线中可以
转移相应的胸省量

图6-69

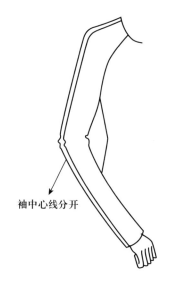

袖中心线分开

图6-70

3. CAD制图步骤

（1）首先绘制衣身原型纸样和一片袖基础纸样，选择转省工具 ![icon]将衣身原型胸省量部分转移至袖窿作为松量，其余转移至前胸围线上（图6-71）。

（2）在相同尺寸的情况下，插肩袖袖窿深线为基础纸样袖窿深降低1 cm左右，袖肥加大1.5 cm左右。选择智能笔工具 ![icon]和调整工具 ![icon]画顺袖窿线和袖山弧线。注意袖山基本不需要放吃势量（图6-72）。

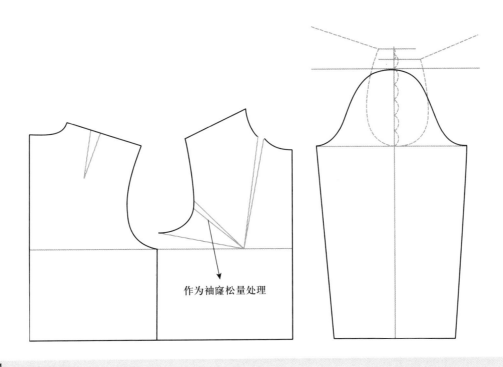

作为袖窿松量处理

图6-71

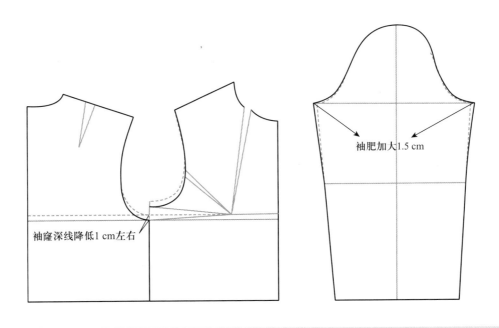

袖肥加大1.5 cm

袖窿深线降低1 cm左右

图6-72

（3）选择旋转工具 转移前后衣身纸样，使前、后袖窿对位点与前后袖山对位点吻合，肩点与袖山对位点相距0.7 cm（图6-73）。

（4）选择智能笔工具 画顺前后肩点与袖山点的弧线，在前、后领圈取一点与前、后袖窿对位点圆顺连接（这个点根据款式设计要求来定）。画顺前后连接线的弧线（图6-74）。

四、插肩袖结构的变化

插肩袖可完成独立圆装袖的所有结构变化，可以设计成一片式直袖、一片式合体袖、二片式直袖、二片式或三片式合体袖。

1. 款式图

插肩袖结构变化的款式图如图6-75所示。

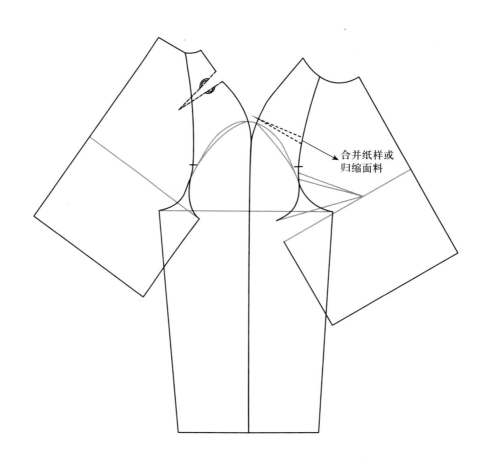

合并纸样或
归缩面料

图6-73

2. 制图规格

同连身袖款式。

3. CAD 制图步骤

（1）画出插肩袖基础纸样（方法同上款式）。

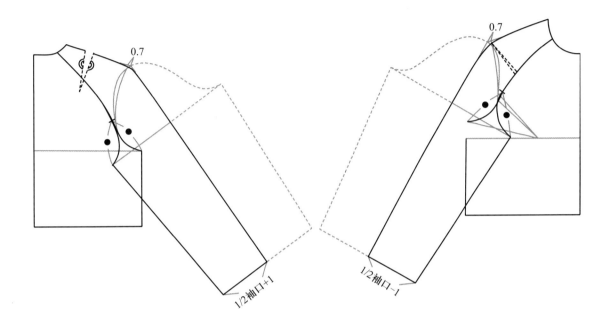

图6-74

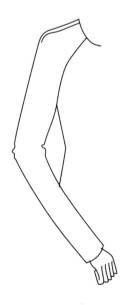

图6-75

（2）选择对接工具 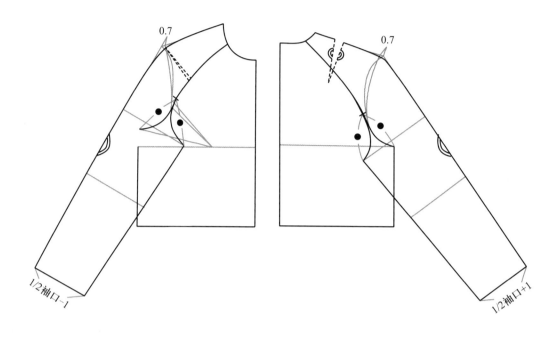 合并袖中线，即成一片直袖结构（图6-76、图6-77）。

图6-76

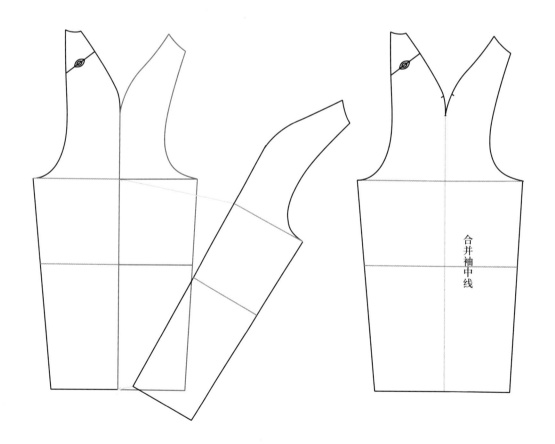

图6-77

说明：在直袖结构基础上加袖肘省可变为一片式合体袖结构（图6-78）。在一片直袖结构上按照二片式圆装袖合体袖结构原理可变化出二片式插肩袖结构（图6-79）。

五、插肩袖公主线变化

1. 款式图

插肩袖公主线变化款式图如图6-80所示。

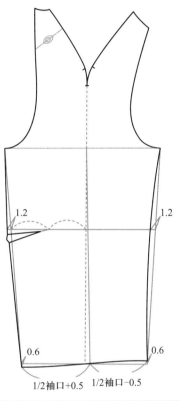

图6-78

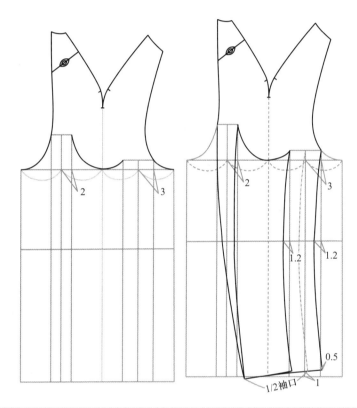

图6-79

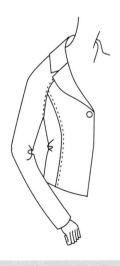

图6-80

2. 制图规格

同连身袖款式。

3. CAD制图步骤

（1）画出插肩袖的基础结构。

（2）根据款式要求画出前后公主线位置，选择旋转工具 将前片胸省转移至公主线分割中，选择调整工具 将公主线调顺（图6-81）。

（3）合并袖中线（图6-82）。

六、插肩袖袖中线倾斜度与造型、服装品种的关系

插肩袖袖中线的倾斜度与袖山高是决定袖子造型的关键，因此要根据具体服装款式要求与穿着者的需求合理把握袖中线的倾斜度与袖山高。

一般分为以下三种情况：

（1）袖中斜线倾斜度小，袖山高比较浅：一般适合宽松型的服装，可以让穿着者的手臂有较多活动量，但是当手臂自然下垂时，前后会有些皱褶，影响服装外观效果。

（2）袖中线倾斜度适中，袖山高适中：一般适合适身型的服装。

（3）袖中线倾斜度较大，袖山高比较深：一般适合合体型的服装，穿着者手臂自然下垂时，外观效果较好，但是手臂活动量较差（图6-83）。

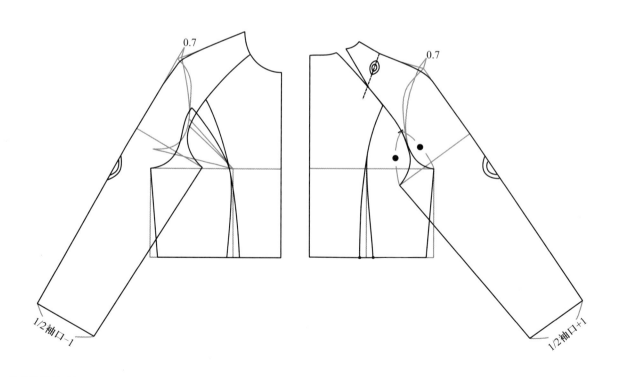

图6-81

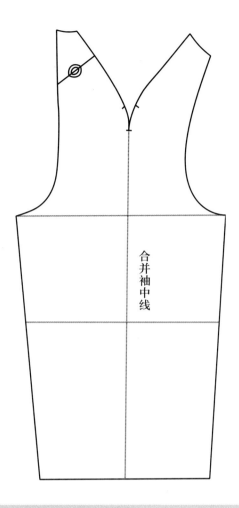

图6-82

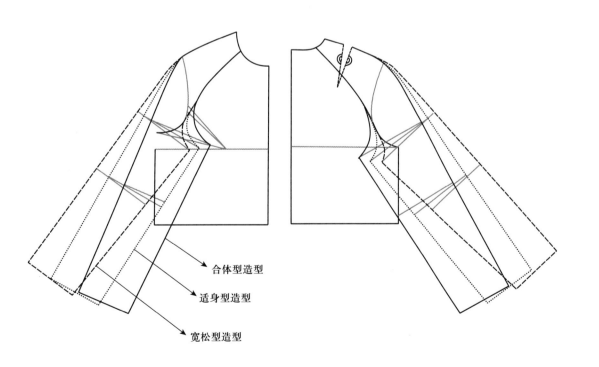

图6-83

连袖结构设计视频

插肩袖结构制图

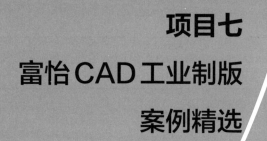

项目七

富怡CAD工业制版

案例精选

任务一　合体半插肩袖女外套

一、款式图及特征

　　本款服装为春夏合体女外套，前衣片公主线分割，两粒扣，平驳领设计；后衣片弧形分割，后中下摆开衩；袖子为半插肩合体中袖（图7-1）。

二、制图规格

单位：cm

号型	胸围	腰围	臀围	后衣长	肩宽	袖长	袖口宽
160/84A	93	74	94	58	34	48	14

三、款式分析

　　（1）合体女装外套，两粒扣。
　　（2）前片公主线分割，腰部收省。
　　（3）后片弧形分割，背省转移至分割线中，收后腰省。

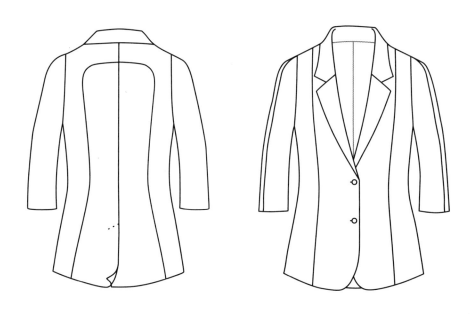

图7-1

（4）平驳头西装领，驳头尖点靠近公主线。

（5）合体半插肩袖，可从一片或合体袖变化而来，根据肩宽尺寸将衣身部分剪切，拼补到袖山上进行插肩袖的绘制。

四、结构制图

合体半插肩袖女外套结构制图如图7-2所示。

五、难点分析（合体半插肩袖）

合体半插肩袖的绘制是本制图的难点。

完成省道转移并确定好肩宽后，将衣片上的插肩部分取下（图7-3）。

根据原来的袖窿绘制出原型袖，量出袖子的吃势。将衣身插肩部分放置在袖山弧线上，使前袖窿弧线与减去吃势后的前袖山弧线等长；使后袖窿弧线与减去吃势后的后袖山弧线等长（图7-4）。

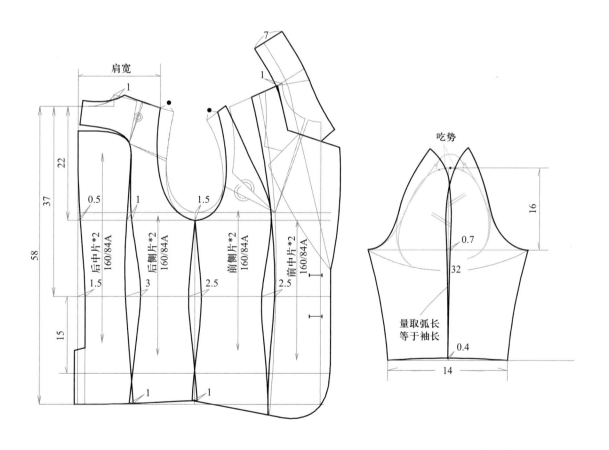

图7-2

合体半插肩袖外轮廓如图7-5所示，袖中缝重叠越多，正面袖子的造型越外凸，此重叠量也可以调节袖肥量。

　　微调插肩袖的前后片袖山弧线，与衣身上的袖窿弧线长度一致，基本不需要吃势。

　　袖长为整个袖中缝弧线的长度，量取袖长后做袖口宽度，注意袖口两边应拼接圆顺（图7-5）。

六、面布放缝图

　　面布放缝图（无标注则默认放缝为1 cm）如图7-6所示。

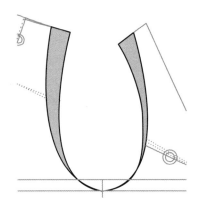

图7-3

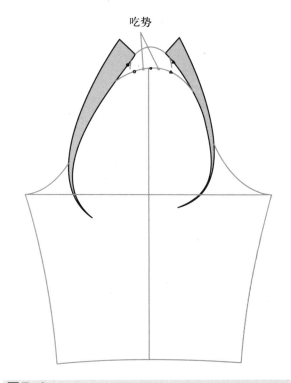

吃势

图7-4

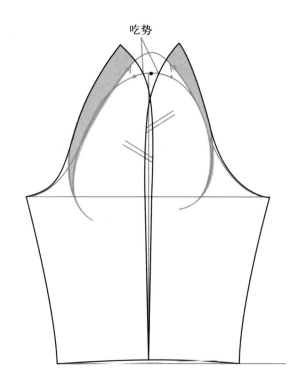

吃势

图7-5

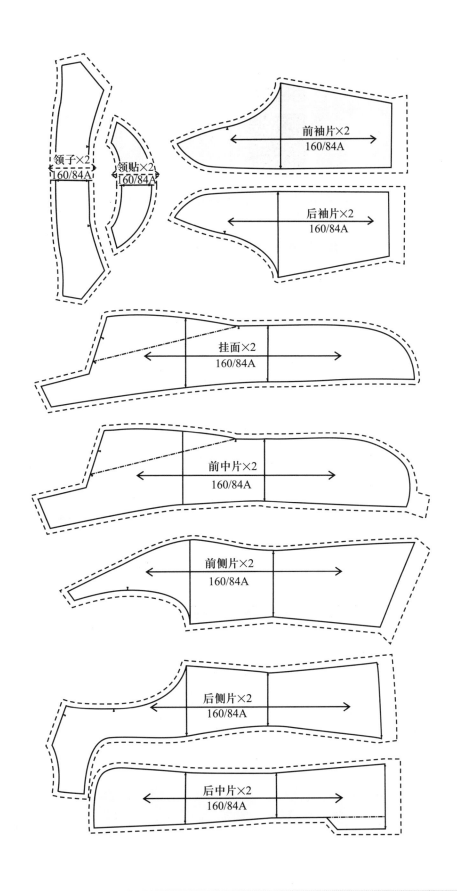

领子×2
160/84A

领贴×2
160/84A

前袖片×2
160/84A

后袖片×2
160/84A

挂面×2
160/84A

前中片×2
160/84A

前侧片×2
160/84A

后侧片×2
160/84A

后中片×2
160/84A

图7-6

合体版插肩袖女外套绘制视频

01后衣片

03领子

02前衣片

04袖子

任务二　百褶女外套

一、款式图及特征

本款女外套为两粒扣，V形分割的青果领款式；前衣片肩部分割，腰节处横向腰带分割，前片腰带以下有褶裥；后片有横向的腰带分割，腰带上部为弧形分割，腰带下部左右各两个刀褶，倒向后中；袖子为两片式泡泡袖（图7-7）。

二、制图规格

单位：cm

号型	胸围	腰围	臀围	后衣长	肩宽	袖长	袖口宽
160/84A	94	78	94	58	38	64	12

三、款式分析

（1）外套的放松量为净胸围＋10 cm，制图的胸围尺寸是96 cm，除去后片省道在胸围线上减去的量，可以达到成衣尺寸。

（2）前后片下摆处先将腰省合并再用褶展开工具打开褶量，前片褶裥设在腰节下分割处，倒向前中。后片褶裥左右各两个，倒向后中。

（3）泡泡袖在两片袖的基础上绘制。

（4）领型为V形分割的青果领，驳折线为弧线。

四、结构制图

百褶女外套结构图如图7-8所示。

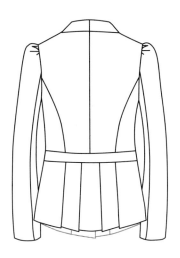

图7-7

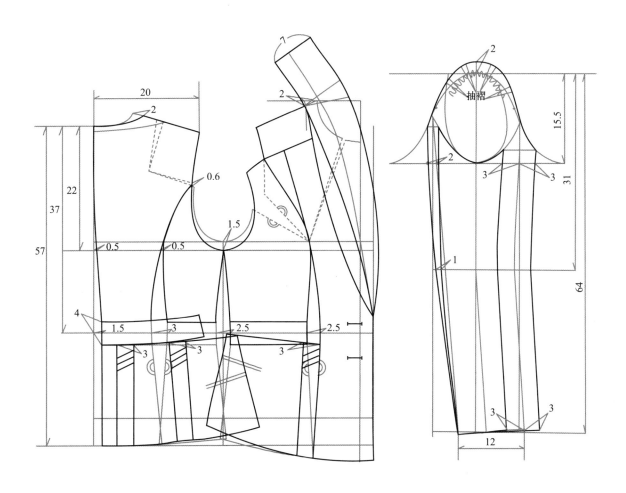

图7-8

五、难点分析（弯驳口青果领）

（1）设定好领座和领面的宽度，绘制弧线驳折线；绘制青果领，做倒伏量（图7-9）。

（2）根据倒伏量和驳折线绘制领子内弧线，使弧线 *OF* 等于前领口弧长，弧线 *OE* 等于后领口弧长。后领宽为领座加领面的宽度，画顺领外口弧线（图7-10）。

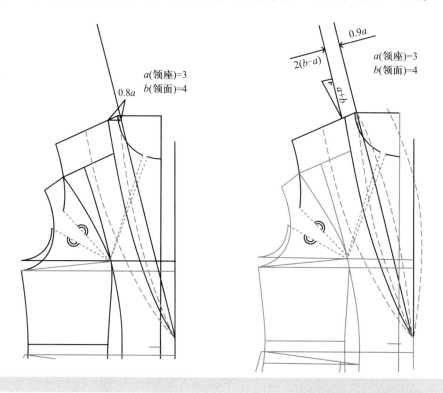

图7-9

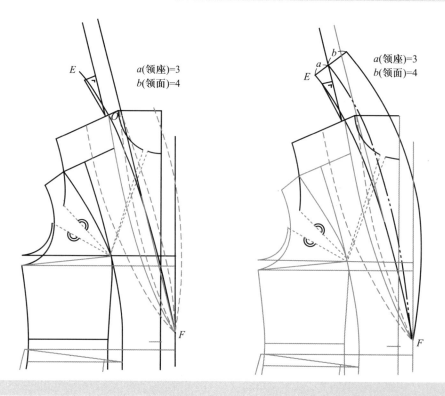

图7-10

六、面布放缝图

面布放缝图（无标注则默认放缝为1 cm）如图7-11所示。

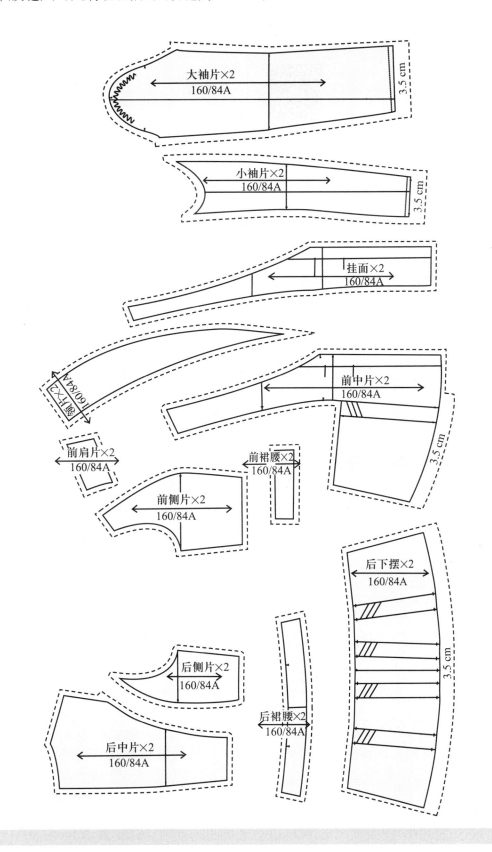

图7-11

01 后衣片 　　03 领子

02 前衣片　　04 袖子

任务三　暗门襟衬衫领女外套

一、款式图及特征

本款服装为暗门襟女外套，前后片弧形分割；领口开得较大，领子分领座与领面，口袋为装饰性袋盖；袖子为两片合体袖，袖子的后侧缝分割通向前侧，袖口两粒装饰扣（图7-12）。

二、制图规格

单位：cm

号型	后中长	胸围	肩宽	袖长	袖口
160/84A	56	90	38	56	13

三、款式分析

（1）领子为分领座的衬衫领。

（2）前片胸省和腰省转移至弧形分割线中，后片肩背省和腰省同样转移至弧形分割线中。

（3）前中有暗门襟夹层，夹层装纽扣。

（4）袖子在完成两片袖的绘制后再进行袖侧缝的变化（详见本案例难点分析）。

四、结构制图

暗门襟衬衫领女外套结构制图如图7-13所示。

五、难点分析（袖子分割处理）

（1）根据款式在大袖上绘制分割线（图7-14）。

（2）沿着分割线将其中一部分取下拼合到小袖外侧缝线（图7-15）。

（3）将大袖取下的袖片沿袖肥线和袖肘线剪开，与小袖的外侧缝弧线拼合（图7-16）。

（4）将剪开后的量在袖口上减去，确保袖中的两条弧线长短吻合，袖口尺寸不变（图7-17）。

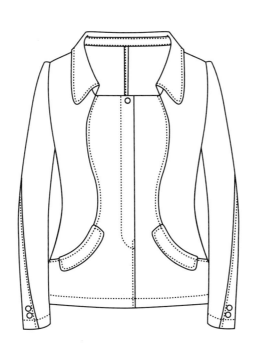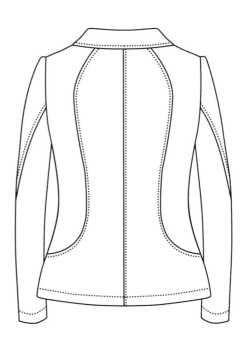

图7-12

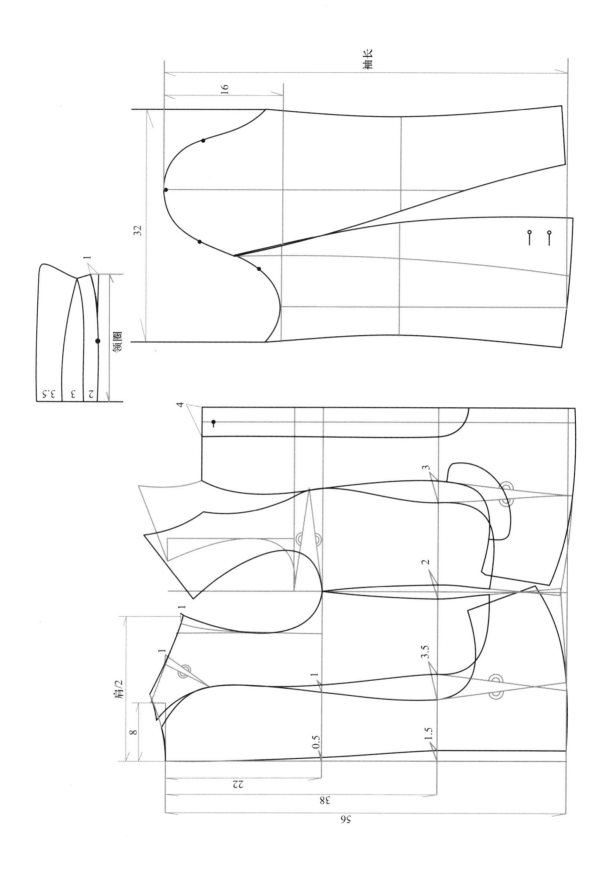

图7-13

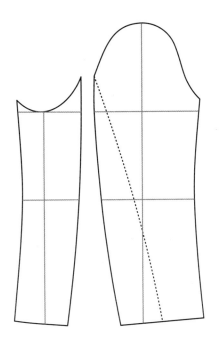

图7-14

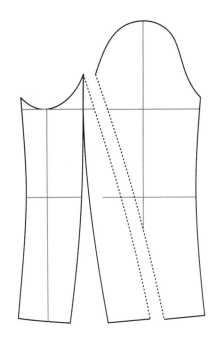

图7-15

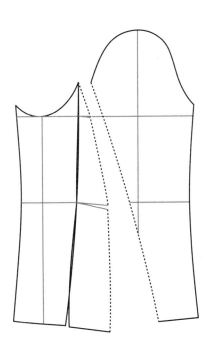

图7-16

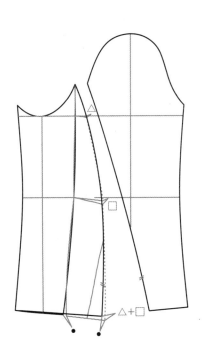

图7-17

六、面布放缝图

面布放缝图（无标注则默认放缝为 1 cm）如图 7-18 所示。

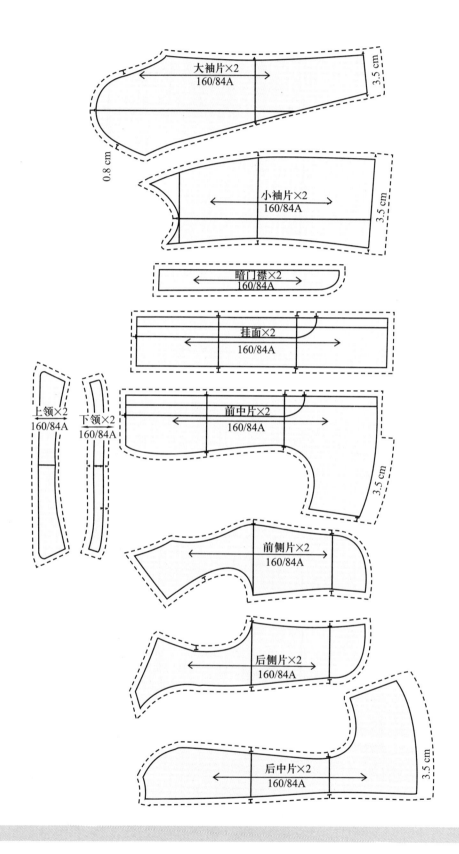

图 7-18

01 后衣片

02 前衣片

03 口袋盖

04 领子

05 袖子

任务四　混合领女外套

一、款式图及特征

本款服装为V形分割夹驳头、立领、一粒扣款式。前片弧形分割，腰节横向断开，袋盖为装饰性袋盖，对折后夹于横向分割中；后片公主线分割，腰节处"凹"形分割；袖子为两片合体袖（图7-19）。

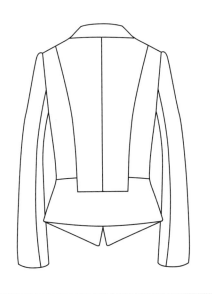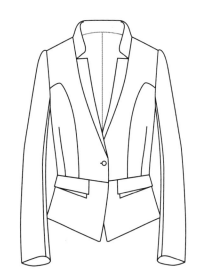

图7-19

二、制图规格

号型	后中长	胸围	肩宽	袖长	袖口
160/84A	50	93	38	60	12.5

三、款式分析

（1）领子为V形分割，驳头夹于弧线分割中，在领圈上配立领。

（2）前片腰节横向分割，装饰性袋盖在侧缝处折回，夹于前衣片横向分割中。

（3）后片肩省融于分割线中，侧缝略向外打开。

（4）袖子为两片合体圆装袖。

四、结构制图

混合领女外套结构制图如图7-20所示。

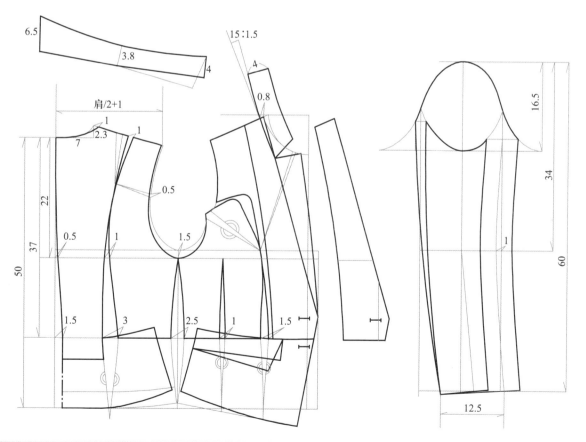

图7-20

五、难点分析（配立领）

（1）从立领装领点画直线，直线与侧颈点距0.8 cm，作为领子与衣片的重叠量（图7-21）。

（2）在该直线上做倒伏量，比值为15：1.5（图7-22）。

（3）在立领的领口弧线上取后领弧长，领座宽4 cm，根据款式绘制立领造型，并画顺立领的领口弧线，做好侧颈点的标记（图7-23、图7-24）。

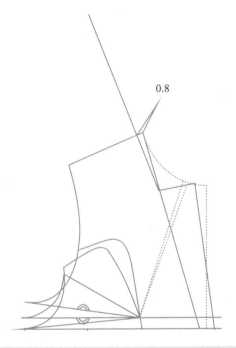

图7-21

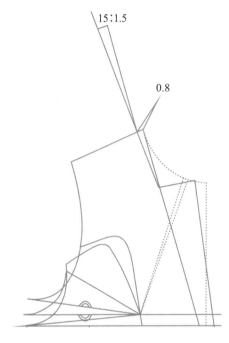

图7-22

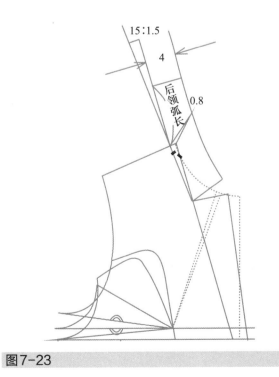

图7-23

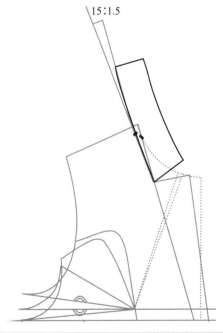

图7-24

六、面布放缝图

面布放缝图（无标注则默认放缝为1 cm）如图7-25所示。

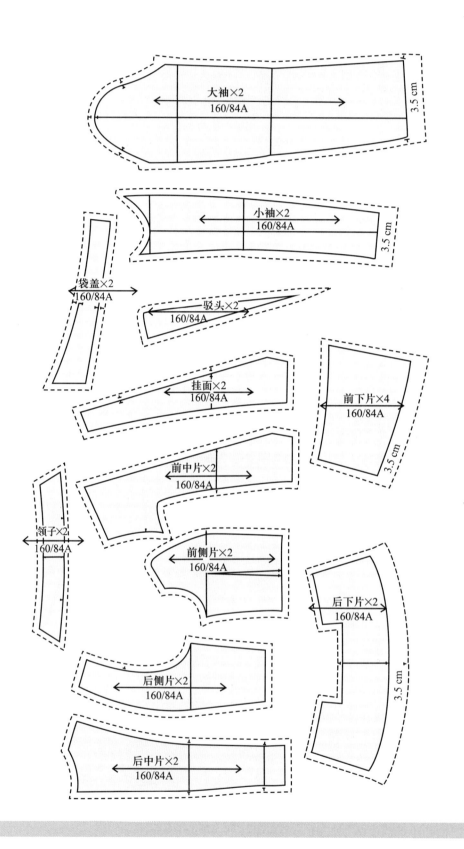

图7-25

混合领女外套绘制视频

01后衣片

02前衣片

03领子

任务五　无叠门横向分割线女外套

一、款式图及特征

本款服装为平驳领无叠门款式，前中装搭扣；前衣片多处横向分割设计，圆下摆；后片公主线分割，背上部连成一片；袖子为七分袖，大袖片靠近袖口处有抽褶（图7-26）。

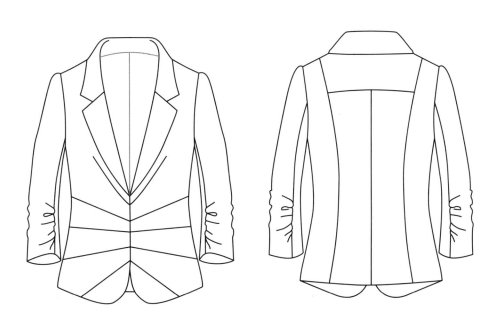

图7-26

二、制图规格

单位：cm

号型	后中长	胸围	肩宽	袖长	袖口
160/84A	52	92	38	48	13.5

三、款式分析

（1）前片胸腰省转移至门襟方向的省道中，腰省合并暗藏于横向分割缝。

（2）后片肩省和腰省融于分割线中。

（3）袖子为两片合体圆装袖，大袖片袖口处平行展开做抽褶处理。

（4）前衣片腰省暗藏于前片横向分割中。

四、结构制图

无叠门横向分割线女外套结构制图如图7-27和图7-28所示。

五、面布放缝图

面布放缝图（无标注则默认放缝为1 cm）如图7-29所示。

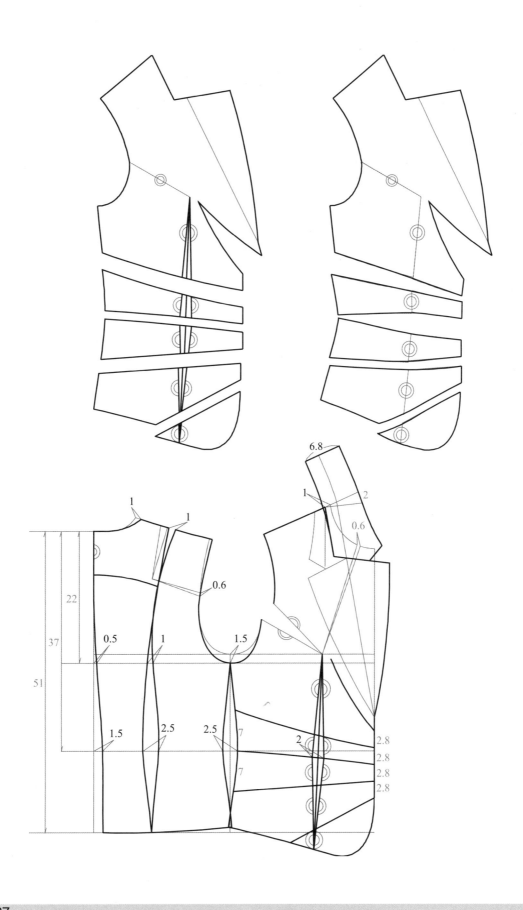

图7-27

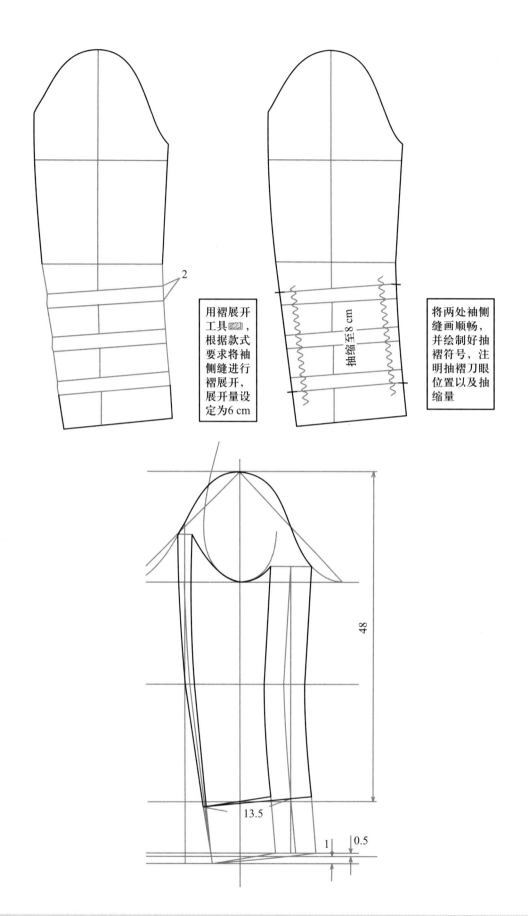

用褶展开工具◰，根据款式要求将袖侧缝进行褶展开，展开量设定为6 cm

抽缩至8 cm

将两处袖侧缝画顺畅，并绘制好抽褶符号，注明抽褶刀眼位置以及抽缩量

图7-28

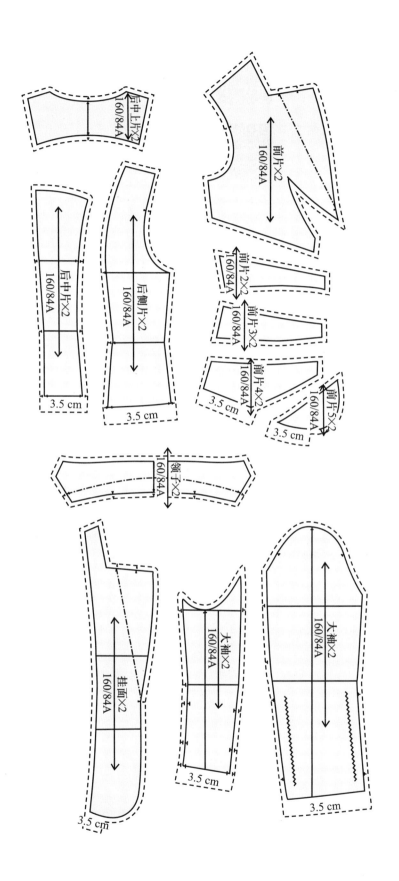

图7-29

01后衣片

03领子

02前衣片

04袖子

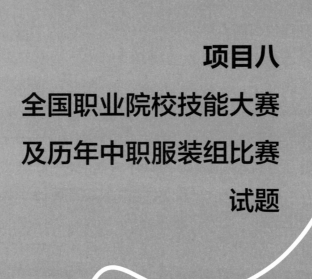

项目八

全国职业院校技能大赛

及历年中职服装组比赛

试题

任务一 全国职业院校技能大赛

一、全国职业院校技能大赛简介

全国职业院校技能大赛是中华人民共和国教育部发起，联合国务院有关部门、行业和地方共同举办的一项全国性职业教育学生技能竞赛活动，经过多年努力，已经发展为专业覆盖面最广、参赛选手最多、社会影响最大、联合主办部门最全的国家级职业院校技能赛事，成为中国职业教育界的年度盛会。

2008年以来，大赛的规模与内涵不断扩大。2019年，第十二届全国职业院校技能大赛贯彻落实《国家职业教育改革实施方案》，在赛项设计上，突出了人工智能技术要素，与国家战略产业发展需求紧密对接，涉及信息技术、智能制造、新能源等新产业、新业态的赛项有35项，占全部赛项的40%。突出了大赛对教学改革和专业建设的引领作用。各赛项在内容设计上，依据专业教学标准，同时将前沿的新技术、新标准、新规范引入大赛，促进了职业院校专业建设与课程改革，推动了人才培养和产业发展的结合。

2019年大赛共设置87个大项（89个小项），其中常规赛项82个大项（84个小项），行业特色赛项5个。天津为主赛区，此外，还在北京、山西、内蒙古、吉林、江苏、浙江、安徽、福建、山东、河南、湖北、湖南、广东、广西、重庆、贵州、云南、陕西、甘肃、宁夏、青岛设立21个分赛区，直接参与企业近百家，参赛选手逾1.8万人。

全国职业院校技能大赛已成为了职业院校学生展示自我、实现梦想的重要舞台，成为东西部职业院校切磋交流、相互学习的重要平台，成为行业企业、职业院校协同育人的重要抓手，成为培养大国工匠的"摇篮"。在平常的教学中，广大师生也将秉承"精彩、专业、安全、廉洁"的赛事宗旨，展示职业教育蓬勃发展的态势和良好风貌。

二、中职组服装类技能比赛简介

中职组服装类技能比赛是检验和展示中等职业学校服装类专业教学改革成果和学生服装设计与工艺岗位通用技术与职业能力的平台，具有引领和促进中等职业学校服装类专业建设与教学改革、激发和调动行业企业关注并参与服装类专业教学改革的主动性和积极性、弘扬"工匠精神"、培养学生精益求精的职业素养、提升中等职业学校服装设计与工艺专业人才培养的水平的重要作用。

2019年，全国中职服装技能竞赛内容分为理论和实操两部分。

（一）理论知识竞赛内容

以行业职业标准应知应会能力测试为基础，主要考察选手的专业理论基础知识及综合分析能力。试题为客观题，题型包括判断题、单项选择题、多项选择题。竞赛时间50分钟。

（二）专业技能竞赛内容

电脑款式拓展设计和纸样设计与立体造型竞赛内容，见表8-1。

表8-1 电脑款式拓展设计和纸样设计与立体造型竞赛内容

模块	竞赛内容与要求	竞赛时间
模块一 电脑款式 拓展设计	考核选手对服装结构、比例、元素等设计方法的掌握程度，控制服装局部与整体、前与后协调关系的能力。考查服装款式效果图技法的表现能力及服装色彩和纹样的整合能力	180分钟
模块二 纸样设计与 立体造型	考核选手准确理解款式的结构特征，运用立体裁剪和平面裁剪的手法塑造衣身、领子和袖子的造型，拓板、整理完成样板的能力。考察选手的制作能力，用完成的样板裁剪面料，用大头针或手针、线完成款式的立体造型	320分钟

CAD样板制作与推板及裁剪与样衣试制竞赛内容，见表8-2。

表8-2 CAD样板制作与推板及裁剪与样衣试制竞赛内容

模块	竞赛内容与要求	竞赛时间
模块三 CAD板型制作、 推板	考核选手运用服装CAD进行工业纸样设计的能力，考查选手能否正确处理不同服装品种各部件之间和内外层次的结构关系。掌握不同服种、不同号型的推板方法，合理分配档差	180分钟
模块四 成衣的样衣试制	考核选手的制作能力，要求选手在规定时间内，完成成衣裁剪与样衣试制、熨烫等任务，并需符合产品质量要求	320分钟

竞赛内容与时间分配见表8-3。

表8-3 竞赛内容与时间分配

分工	竞赛内容		分值权重	时间	备注
选手一	理论考试　机考评分		2.5%	50分钟	全天比赛时间打通
	模块一	电脑款式拓展设计	18%	180分钟	
	模块二	纸样设计与立体造型	27%	320分钟	
	小　计		47.5%	550分钟	
选手二	理论考试　机考评分		2.5%	50分钟	全天比赛时间打通
	模块三	CAD样板制作、推板	20%	180分钟	
	模块四	裁剪与样衣试制	30%	320分钟	
	小　计		52.5%	550分钟	

这两个项目的竞赛内容，均提炼自服装企业具体工作岗位的工作任务，具体而言，模块一和二——成衣款式设计、立体造型与纸样修正，对应的是服装设计师助理岗位的工作任务；而模块三和四——服装CAD板型制作、放码与样衣（夹里）缝制，对应的是服装板型师助理和样衣工岗位的工作任务。由此，大赛项目的设置一如既往地秉承与先进企业人才需求对接的宗旨，大力推进服装教育和服装行业技术同步。

服装类技能比赛本着规范性、针对性的原则，将技能竞赛与制定并开发服装设计与工艺专业的专业教学课程改革紧密结合。

服装类技能比赛抓住服装设计与工艺专业的最新理论、技术和方法，按照专业教学标准，达到企业要求人才所具备的知识、能力和素质，即"知识＋文化＋能力"型人才培养方案：引导全国服装专业教学课程改革不仅能够使学生掌握服装设计与工艺专业的基本理论知识，而且将教学目标紧扣市场需求，注重培养学生的操作动手能力，强调具备基本的职业道德和职业素养。

三、服装CAD板型制作与推档比赛简介

服装板型的推档是服装企业亟须的重要技术，其质量的优劣影响着服装产品的体型覆盖率和市场覆盖率。

这项工作任务主要是从服装板型制作的角度检验选手对服装设计的理解力、表现力、流行部件的制版技术、服装材料和工艺的驾驭力、多号型工业板型的放码推档技术以及对板型设计任务的执行力、完成力。

选手比赛时需要注意的问题主要为文件问题、版面问题、存储问题、板型变化、纸样处理、面里衬料、缝份问题、放码问题、标注问题。如文件问题，选手要考虑原型是从工艺图库调取还是绘制，然后进行制版，三个文件必须在操作时间上进行合理的分配，而净样板最麻烦的就是结构变化以及线迹的保留、标注以及相关工艺符号注明，因此要提高基础样板的绘制速度，智能笔应用技巧熟练度；关于板型变化、结构变化工具，省道转移、袖子领子变化、褶的变化需要熟练掌握；关于线迹的保留、标注以及工艺符号说明等，选手必须掌握相关工具，如：智能笔、等分规、线迹调整、加文字、复制、工艺图库等；此外，选手需要注意在绘制净样板过程中"工业样板"对里布的要求，因此在板型变化前工艺图库内保持绘制样板等操作，制作里布时相对方便。关于操作版面，选手要考虑到版面的排版，还需要注意全屏显示查看是否有小的线迹干扰版面，尤其要注意的是变量尺寸标注，文字大小选手要根据打印尺寸选择。选手还必须注意存储问题，考虑储存的路径、名称，如果意外死机，首先打开软件点击文档里的安全恢复，在正常保存完成净样板以后，选手需要另存为一个文件，再进行处理。

一、款式图及特征

款式图如图8-1所示。

二、制图规格

单位：cm

号型	后背长	后中衣长	净胸围	净臀围	成品胸围	成品腰围	下摆围	肩宽	袖长	袖口
165/84A	38	51.5	84	90	92	76	90	38.6	25	26

三、款式分析

1. 这是一款合体、收腰、Y型开门襟的立翻领、短袖女衬衫。

2. 衬衫的放松量为8 cm，女装文化式新原型的放松量为10 cm，所以此款衬衫可以直接使用原型的放松量，在后片通过后腰省对胸围多余的放松量进行调节。前胸省、前腰省通过省转移变化为前门襟处的自由抽褶，前下腰省合并转移至腰部分割线中。

3. 后片有公主线分割，后肩省、后腰省融合在分割线中。

4. 由于是Y型门襟，立翻领在前领口处无叠门量，并距离前中心2.5 cm。

5. 前门襟为明装的翻门襟，袖口装明贴边。

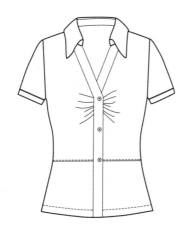 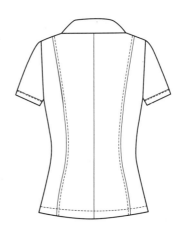

图8-1

四、结构制图

结构制图见图8-2。

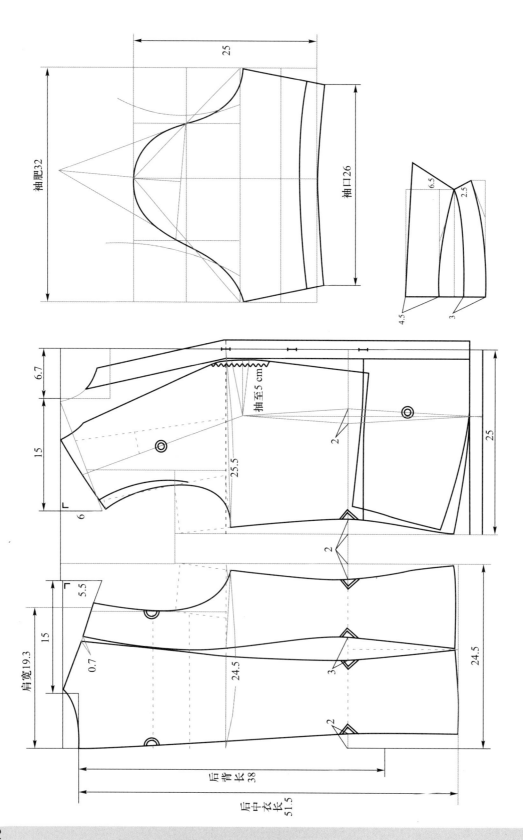

图8-2

五、面布放缝图

面布放缝图见图8-3。

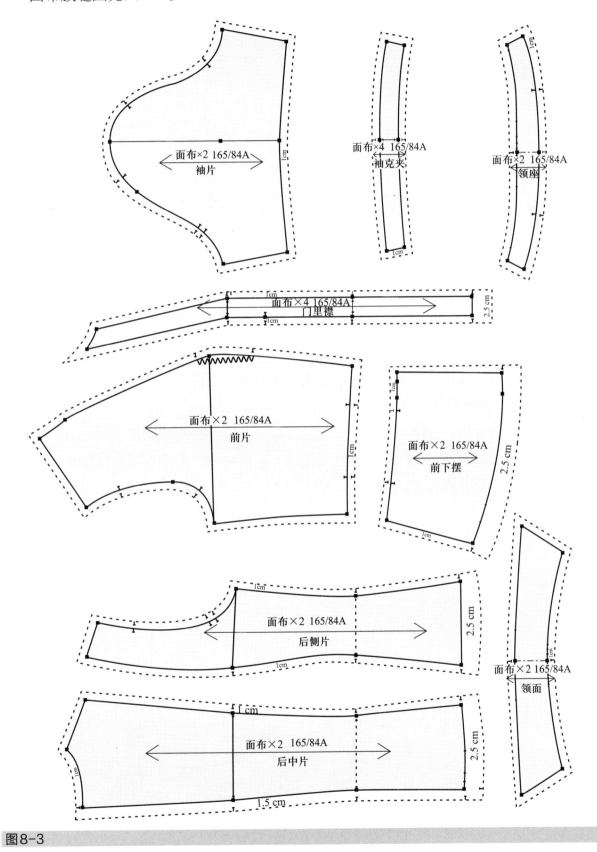

图8-3

任务三　2009年全国职业院校技能大赛　服装CAD比赛试题

一、款式图及特征

款式图见图8-4。

二、制图规格

单位：cm

号型	后背长	后中衣长	净胸围	净腰围	净臀围	成品胸围	成品腰围	下摆围	肩宽	袖长	袖口
165/84A	38	55	84	68	90	92	76	90	38.6	56	24

三、款式分析

1. 这是一款合体、收腰、立翻领，单排两粒扣、圆摆，前长后短的长袖女外套。

2. 前衣片弧形分割，腰节部位横向分割，前胸省、前腰省通过省转移隐含在前弧形分割线中，前下腰省合并转移至侧缝中。

3. 后片肩背部育克分割融合肩省，后腰省隐含在竖形分割线中。

4. 虽然是立翻领结构，但属于混合式领型，所以前衣片应注意延伸驳叶的部分。

5. 两片袖结构，有袖衩。

图8-4

四、结构制图

结构制图见图8-5。

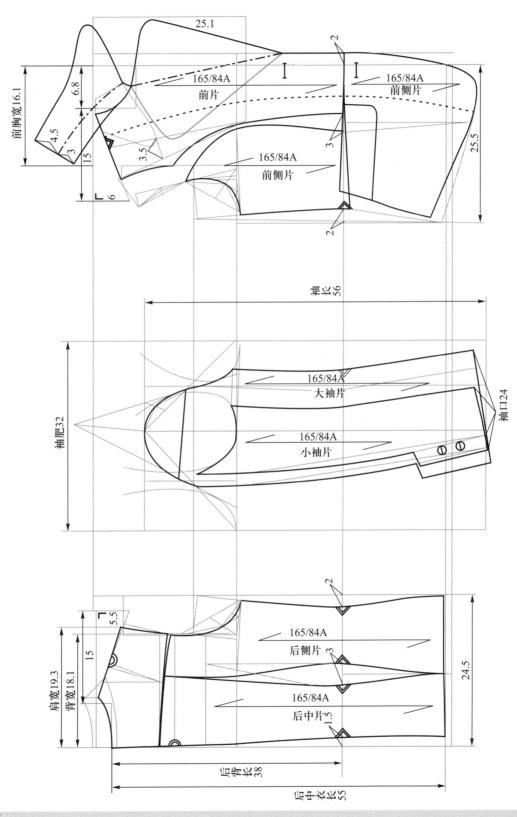

图8-5

五、面布放缝图

面布放缝图见图8-6。

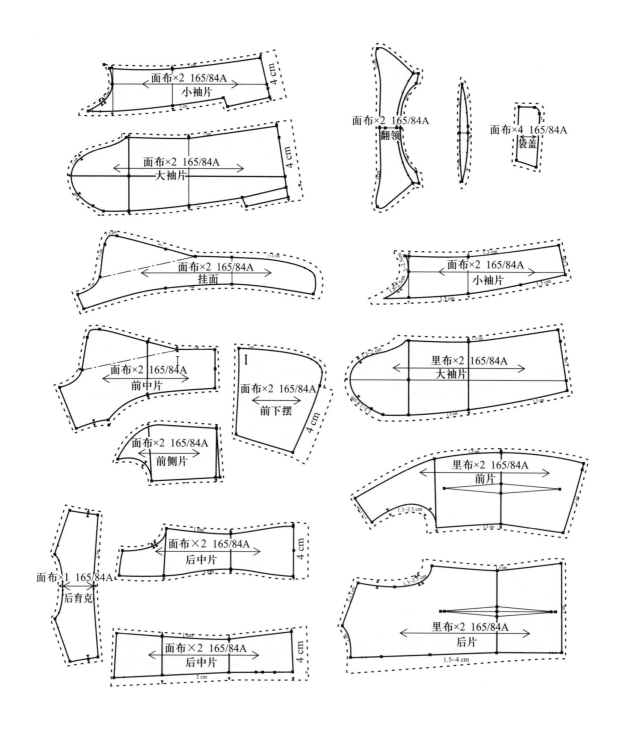

图8-6

一、款式图及特征

款式图见图8-7。

二、制图规格

单位：cm

号型	后背长	后中衣长	净胸围	净腰围	净臀围	成品胸围	成品腰围	肩宽	袖长	袖口
165/84A	38	53	84	68	90	92	76	39	56	24

三、款式分析

1. 这是一款合体、收腰、不对称翻领、泡泡袖、单排4粒扣、斜门襟的女外套。
2. 前胸省合并转移至领口、前腰省隐含在弧形分割线中。
3. 后片弧形分割，后肩省、后腰省隐含在分割线中。
4. 由于是单排扣斜门襟，注意门里襟可以不对称裁取。
5. 两片袖，袖口有袖衩。

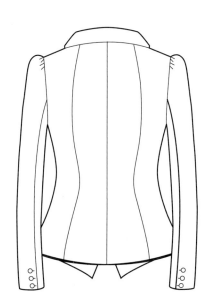

图8-7

四、结构制图

结构制图见图8-8。

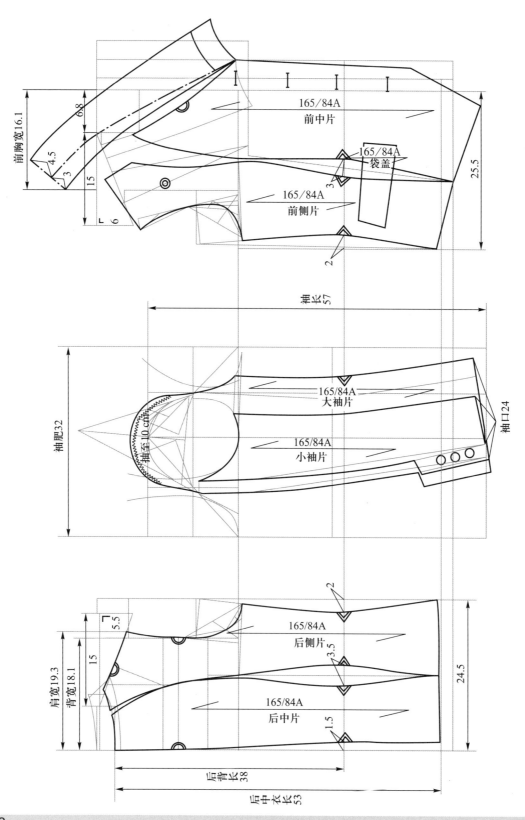

图8-8

五、面布放缝图

面布放缝见图8-9。

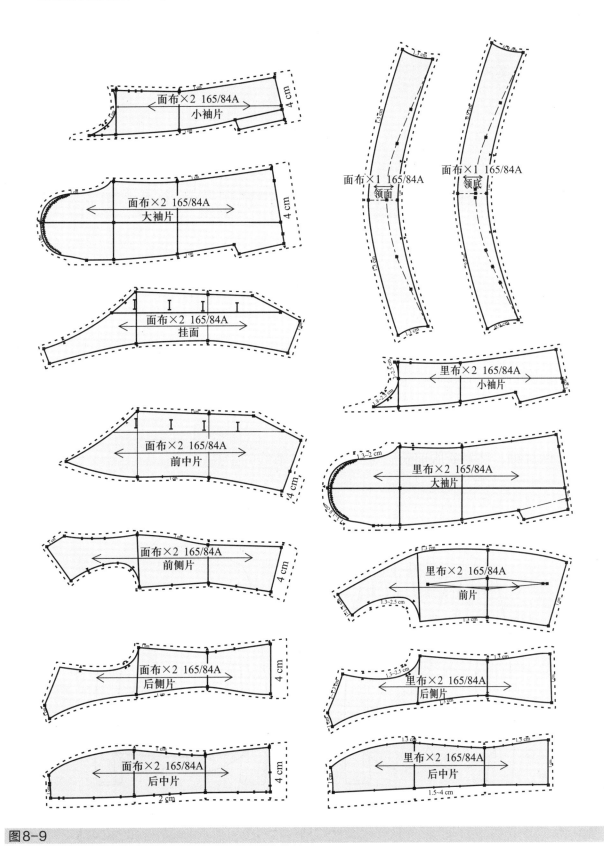

图8-9

任务五 2011年全国职业院校技能大赛 服装CAD比赛试题

一、款式图及特征

款式图见图8-10。

二、制图规格

单位：cm

号型	后背长	后中衣长	净胸围	净腰围	净臀围	成品胸围	成品腰围	下摆围	肩宽	袖长	袖口
165/84A	38	53	84	68	90	92	76	90	39	57	24

三、款式分析

1. 这是一款合体、收腰、青果领、单排2粒扣、圆摆女外套。
2. 前胸省、前腰省通过省转移隐含在分割线中，前下腰省合并转移至腰部斜向分割线中。
3. 后片背中分割，后腰省左右各一个。
4. 两片袖，注意衣服前长后短的造型和腰节线的抬高。

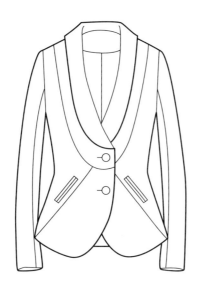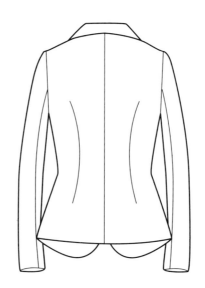

图8-10

四、结构制图

结构制图见图8-11。

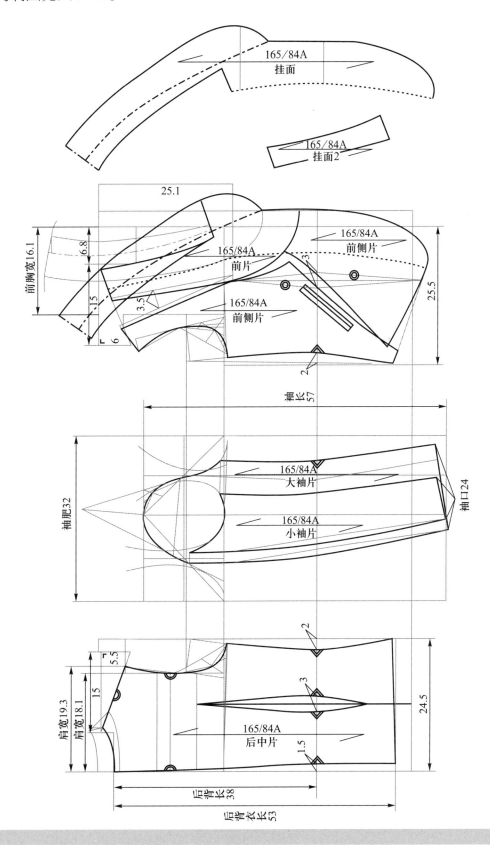

图8-11

任务五　2011年全国职业院校技能大赛　服装CAD比赛试题　　243

五、面布放缝图

面布放缝见图8-12。

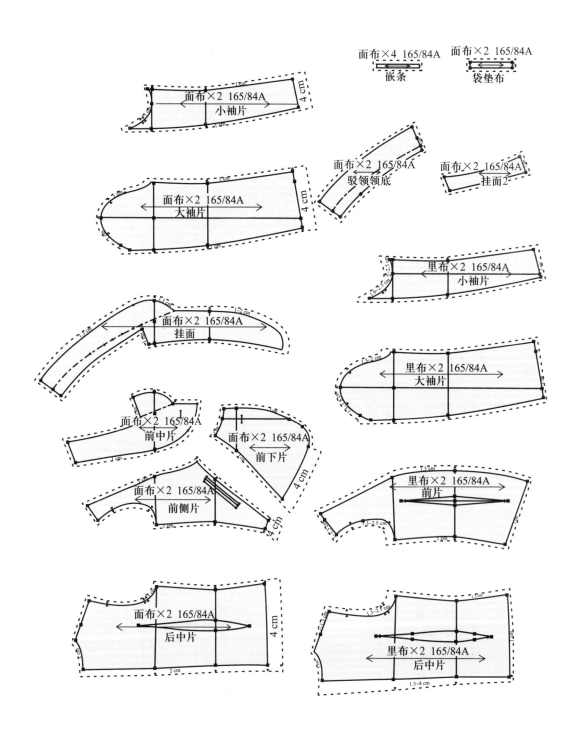

图8-12

一、款式图及特征

款式图见图8-13。

二、制图规格

单位：cm

号型	后背长	后中衣长	净胸围	净腰围	净臀围	成品胸围	成品腰围	下摆围	肩宽	袖长	袖口
165/84A	38	53	84	68	90	92	76	90	38.6	56	24

三、款式分析

1. 这是一款合体、收腰、开V形领、长袖女外套。

2. 前胸省通过省转移隐含在前领口处的分割线中，前小侧片弧形分割线因为距离胸高点较远可考虑不涉及胸省量，注意前腰省在两条分割线中的大小配置，前下腰省合并转移至分割线中。

3. 后片有背中分割，后腰省隐含在弧形分割线中。

4. 由于是V形开领，要注意下领片在前胸部的平贴造型，上领为立翻领结构。

5. 两片袖有袖衩。

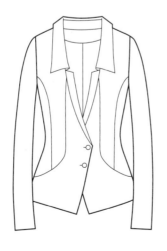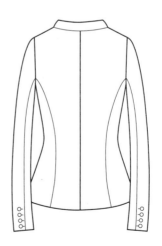

图8-13

四、结构制图

结构制图见图8-14。

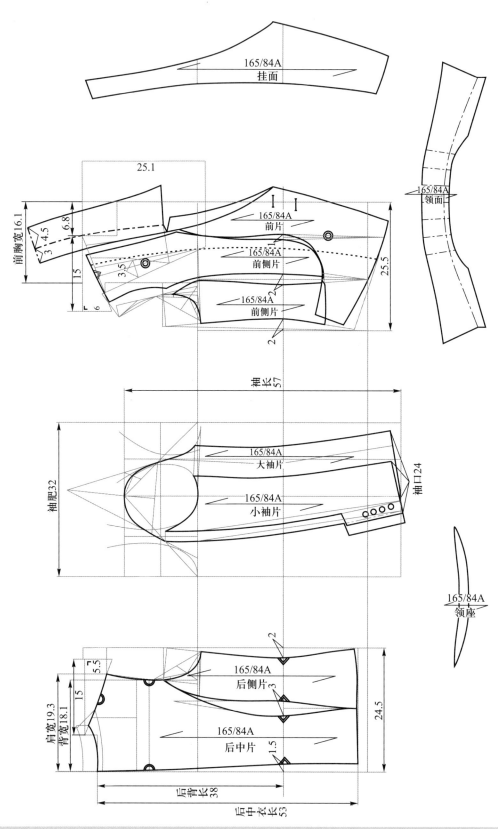

图8-14

五、面布放缝图

面布放缝见图8-15。

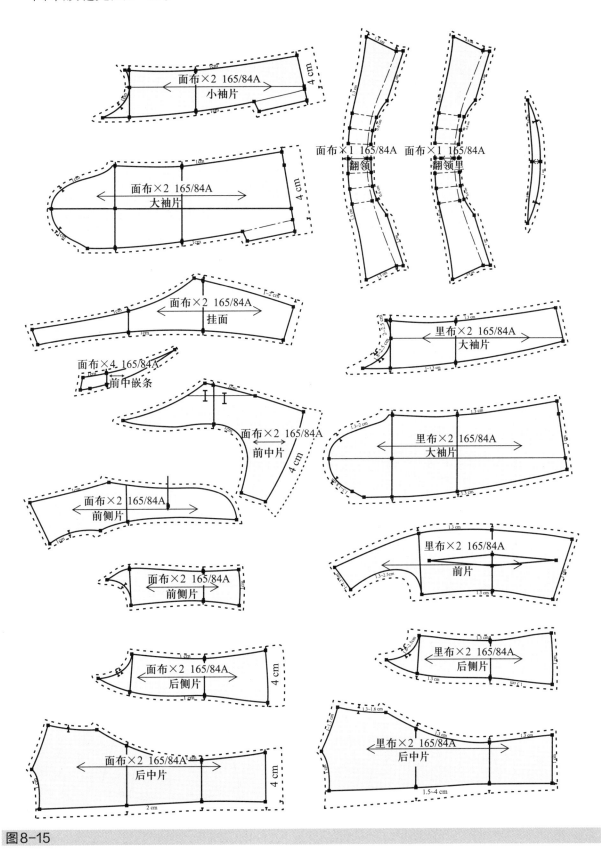

图8-15

任务七　2013年全国职业院校技能大赛　服装CAD比赛试题

一、款式图及特征

款式图见图8-16。

二、制图规格

单位：cm

号型	前衣长	后背长	胸围	腰围	肩宽	领围	袖长	袖口
165/84A	58	39.1	91	71	38	32	20	28

三、款式分析

1. 这是一款合体、收腰、立翻领，圆领角，平领头的女式衬衫。

2. 前衣身有弧形分割线至腰节、前胸腰省至衣片底边，门襟4粒纽扣。

3. 后背中心分割线至底边，背中缝包边绲0.7 cm线，背部两侧公主线内包缝0.5 cm明线，底边绲1.5 cm宽明线。

4. 后片有公主线分割，后肩省、后腰省融合在分割线中。

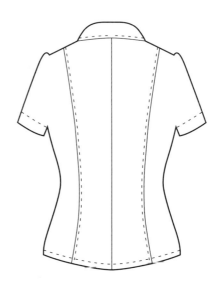

图8-16

四、结构制图

结构制图见图8-17。

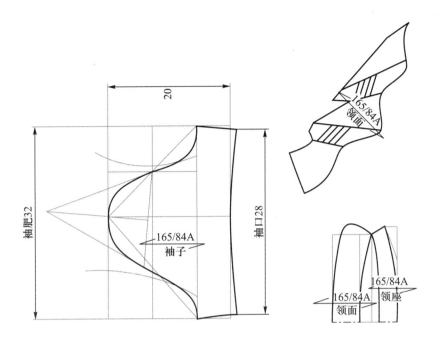

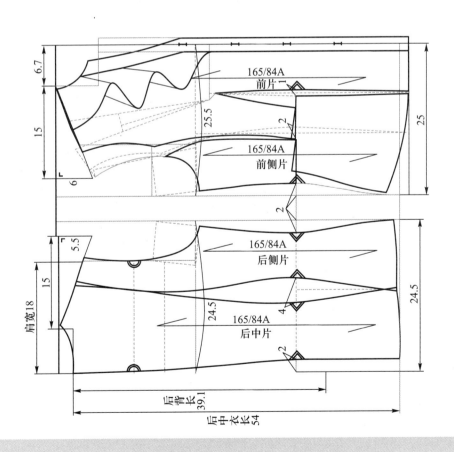

图8-17

五、面布放缝图

面布放缝见图8-18。

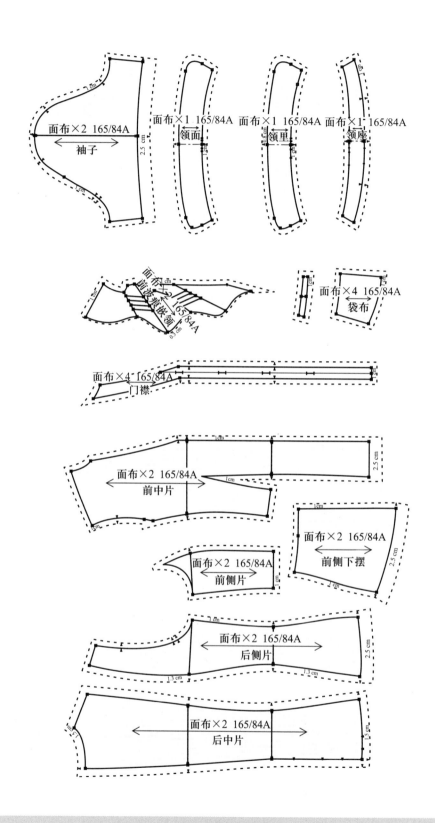

图8-18

任务八　2014年全国职业院校技能大赛　服装CAD比赛试题

一、款式图及特征

款式图见图8-19。

二、制图规格

单位：cm

号型	后中心长	后背长	胸围	腰围	肩宽	领围	袖长	袖口/2
165/84A	54	39.1	92	72	38	39	20	14

三、款式分析

1. 这是一款合体、收腰、圆角翻立领的女式衬衫。
2. 前门襟为明装的翻门襟，有5粒纽扣，袖口装明贴边。
3. 前片椭圆形育克加弧形纵向分割，平装短袖，袖口活口贴边，平下摆。
4. 后背中心分割，肩缝分割。

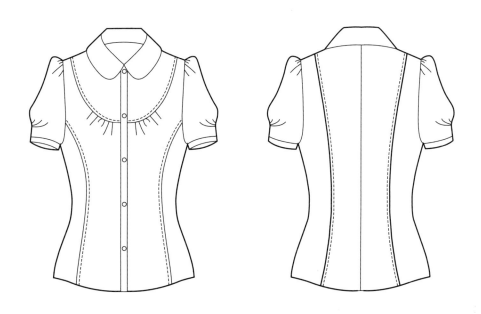

图8-19

四、结构制图

结构制图见图8-20。

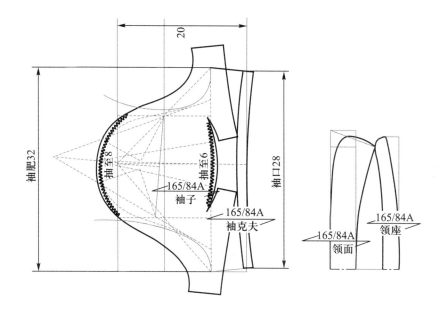

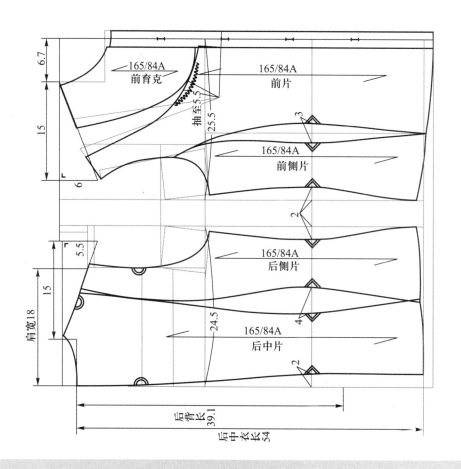

图8-20

五、面布放缝图

面布放缝见图8-21。

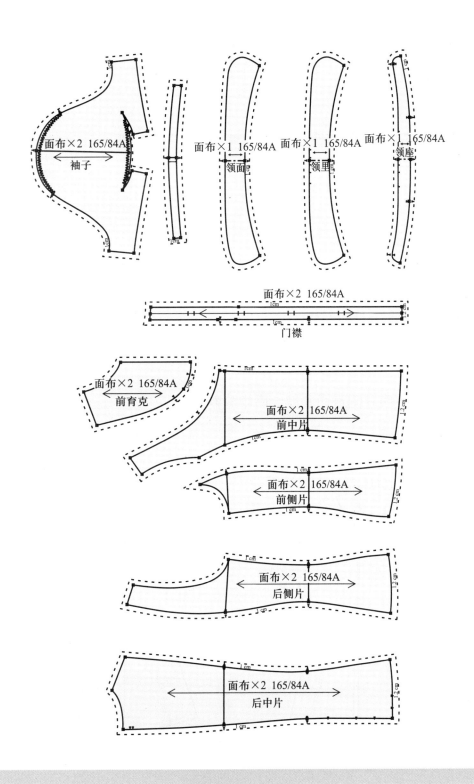

图8-21

任务九　2015年全国职业院校技能大赛　服装CAD比赛试题

一、款式图及特征

款式图见图8-22。

二、制图规格

单位：cm

号型	后中衣长	后背长	胸围	腰围	肩宽	领围	袖长	1/2袖口
165/84A	54	39.1	88	68	35	39	20	14

三、款式分析

1. 这是一款合体、吸腰、领底外口翻边的女式衬衫。

2. 门襟加贴边，有6粒暗纽扣。

3. 前片刀背公主线分割；圆泡褶袖，前后各2个褶，袖口折线造型外翻边，两侧各2粒纽扣；平下摆。

4. 后片刀背公主线分割直通底摆，后中分割。

图8-22

四、结构制图

结构制图见图8-23。

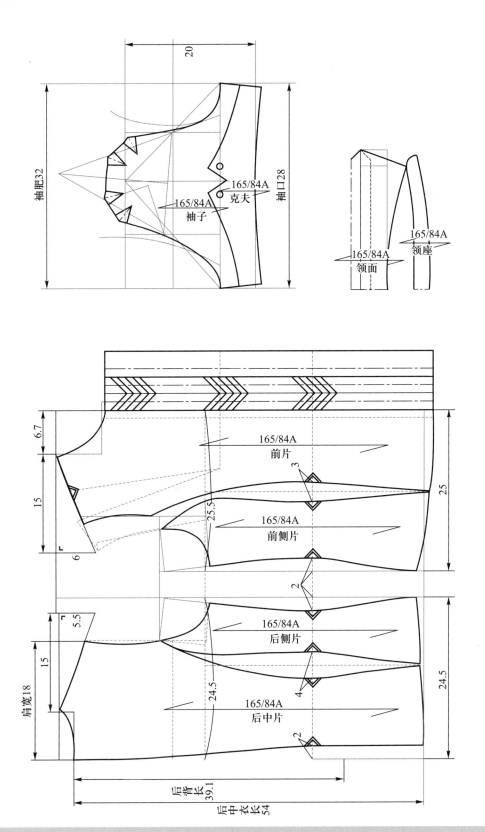

图8-23

五、面布放缝图

面布放缝见图 8-24。

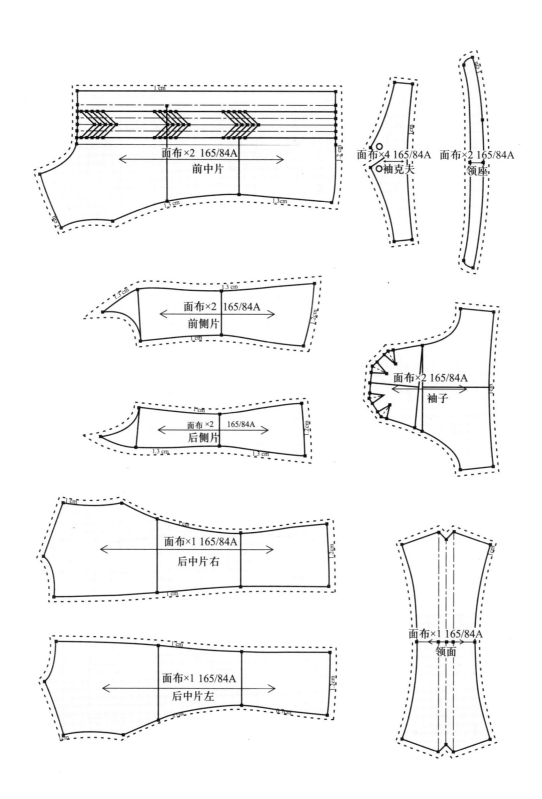

图8-24

任务十　2016年全国职业院校技能大赛　服装CAD比赛试题

一、款式图及特征

款式图见图8-25。

二、制图规格

单位：cm

号型	后中衣长	后背长	前衣长	胸围	腰围	肩宽	袖长	袖口
165/84A	58.1	39.1	61.7	88	70	37	58.01	26

三、款式分析

1. 这是一款合体、吸腰的女西装外套。袖子是合体一片袖结构，有袖肘省。

2. 平驳头西装领，圆角，领面分体翻领，领底为连体翻领。

3. 门襟2粒纽扣，尖角倒V形下摆，前片小刀背分割线自袖窿至袋盖前端，与口袋呈L状，L形横线上为口袋，侧上片下端为活袋盖，与袋口重叠，假袋；有胸省，领下有省道。

4. 后背中缝直通底摆，底摆开衩；后侧小刀背缝自袖窿起至底摆，腰背省与后侧缝交叉通向袋盖后端。

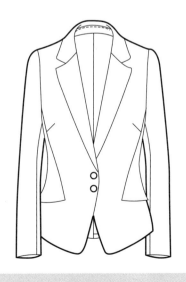 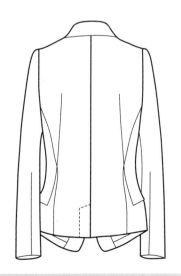

图8-25

四、结构制图

结构制图见图8-26。

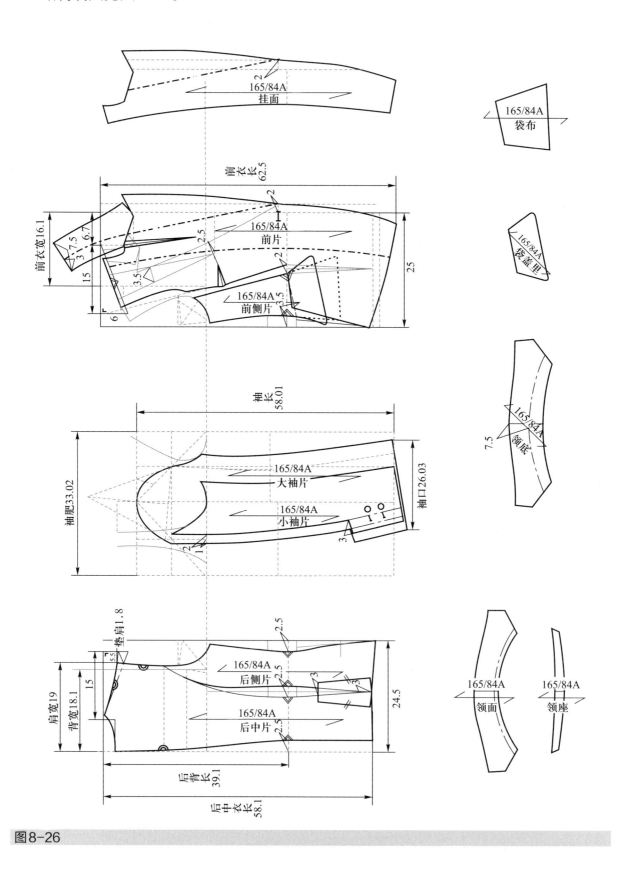

图8-26

五、面布放缝图

面布放缝见图8-27。

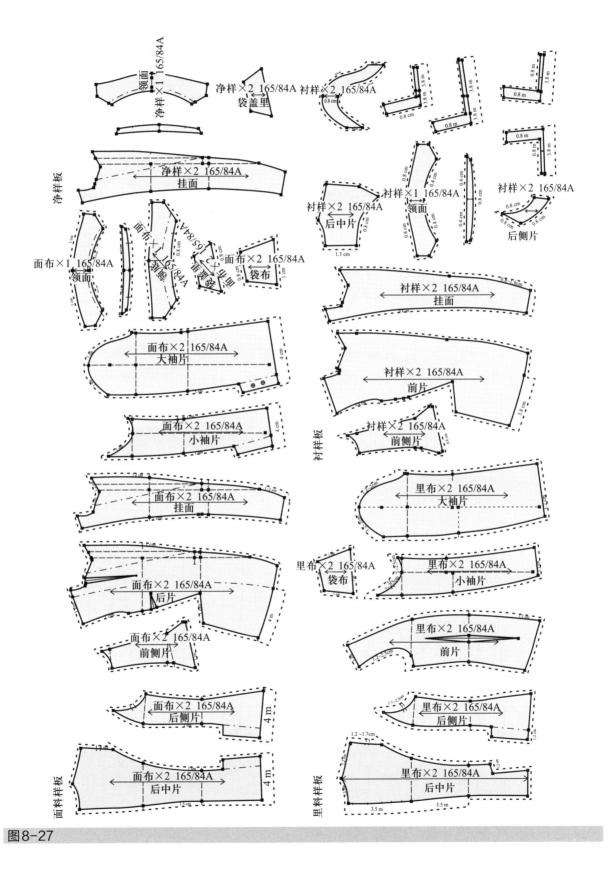

图8-27

一、款式图及特征

款式图见图8-28。

二、制图规格

单位：cm

号型	后中衣长	后背长	前衣长	胸围	腰围	肩宽	袖长	袖口
165/84A	58.1	39.1	60.7	88	72	37	58.01	25

三、款式分析

1. 这是一款合体、收腰、青果领的女西装外套，翻线领呈曲线状态。

2. 三开身结构，门襟2粒纽扣，倒V形圆角下摆，前片小刀背分割线自袖窿起穿过口袋至底摆，圆角方贴袋，胸腰省道止于贴袋内，领下有省道。

3. 后背中缝直通底摆，后刀背缝自袖窿起与侧开叉贯通，底摆双开衩。

4. 袖子是合体一片袖结构，袖口开衩，二粒袖扣。

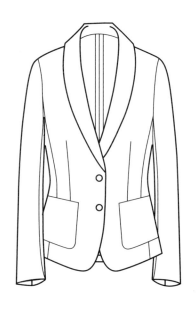
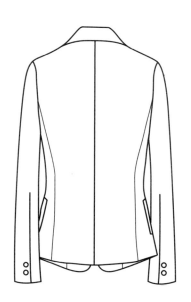

图8-28

四、结构制图

结构制图见图8-29。

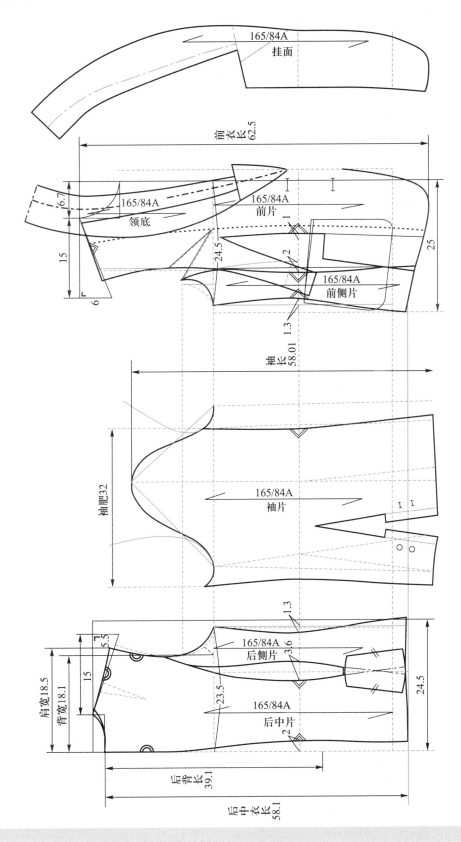

图8-29

五、面布放缝图

面布放缝见图8-30。

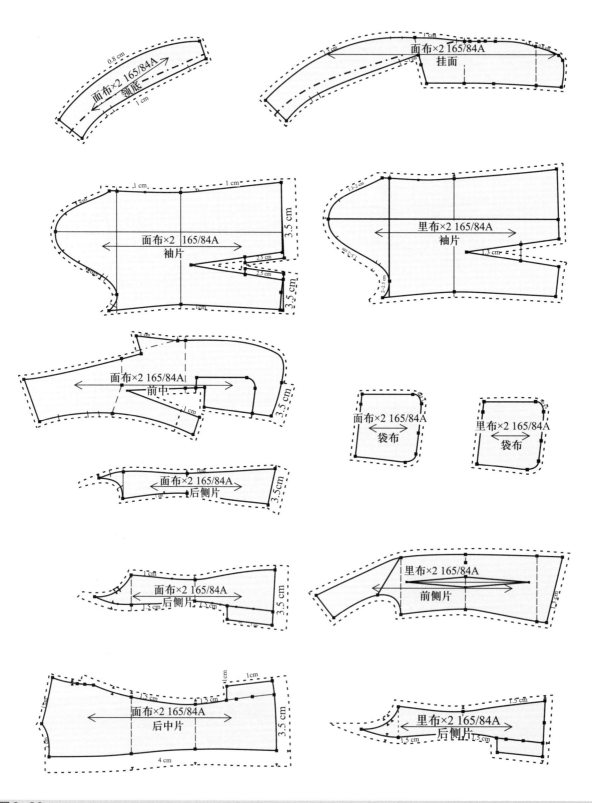

图8-30

任务十二　2018年全国职业院校技能大赛　服装CAD比赛试题

一、款式图及特征

款式图见图8-31。

二、制图规格

单位：cm

号型	后中衣长	后背长	前衣长	胸围	腰围	肩宽	袖长	袖肥	袖口
165/84A	55	39.1	60.7	88	76	38	58.01	32	25

三、款式分析

1. 这是一款合体、收腰，领面分体、领底一片式的大圆角曲线翻领女式西装外套。

2. 三开身结构，门襟3粒纽扣，圆角下摆，小刀背分割线自袖窿起穿过口袋至底摆，圆角袋盖，胸腰省道沿袋盖前端转至袋盖下，有肩胸省道，双开线扣眼。

3. 后背中缝直通底摆；后刀背缝自袖窿起直通底摆。

4. 袖子为合体两片袖结构，袖口开衩，2粒袖扣。

图8-31

四、结构制图

结构制图见图8-32。

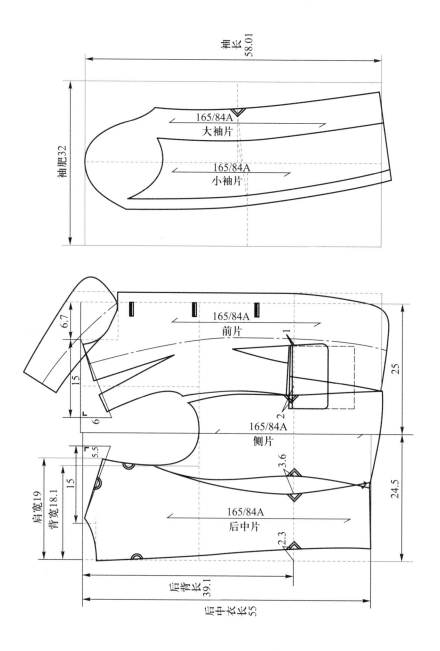

图8-32

五、面布放缝图

面布放缝图见图8-33。

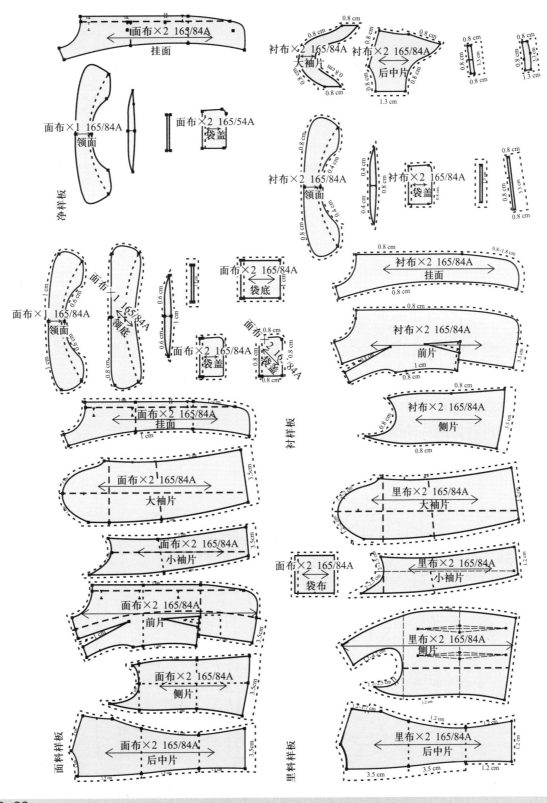

图8-33

一、款式图及特征

款式图见图8-34。

二、制图规格

单位：cm

号型	后中心长	背长	前衣长	胸围	腰围	肩宽含盖	袖长	袖肥	袖口/2
165/84A	56	39	62	92	80	41	58	33	27

三、款式分析

1. 领子：尖角驳领，领面分体翻领，领底为一片式翻领。

2. 前衣身：三开身结构，双排2粒扣，圆角下摆，前片胸省过腰线后侧转，嵌单牙袋口，真口袋，领下有省道，侧片沿顺下通过口袋至底摆。

3. 后衣身：后背中缝直通底摆；后刀背缝自袖窿起直通底摆。

4. 袖子：合体两片袖结构，袖山圆盖造型。

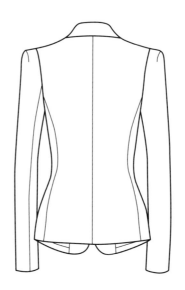

图8-34

四、结构制图

结构制图见图8-35。

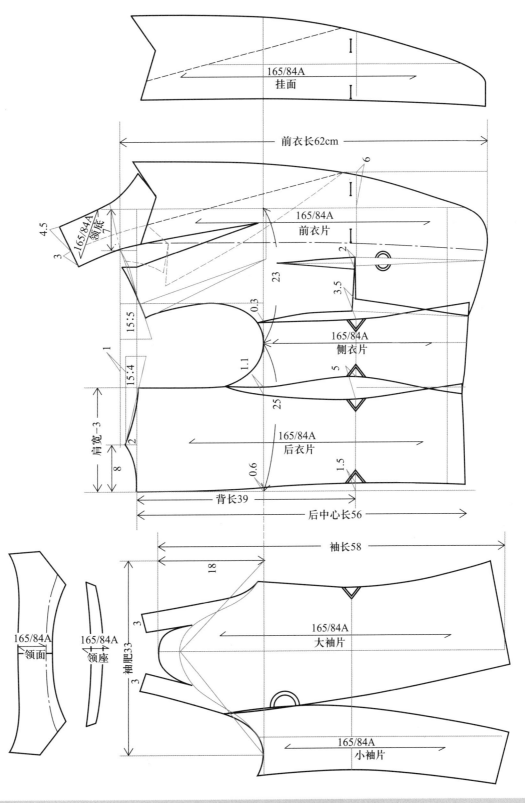

图8-35

面布放缝图见图8-36。

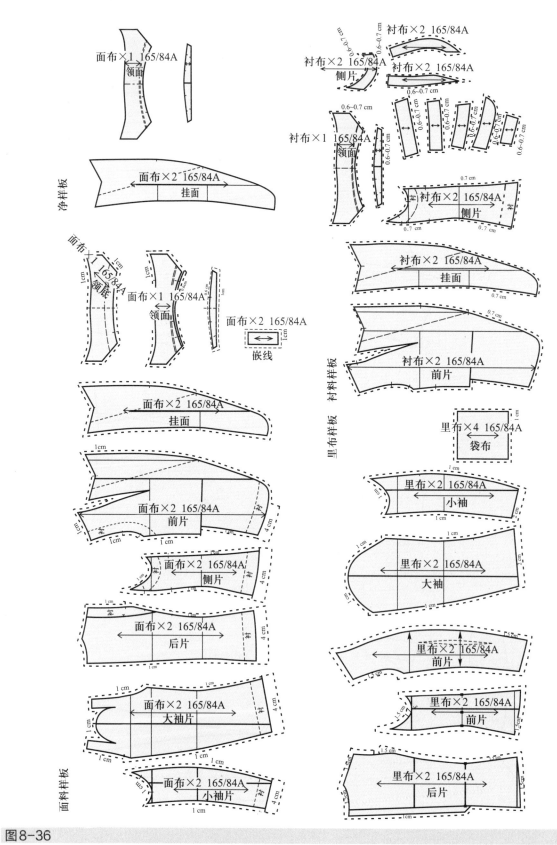

图8-36

本书配套的数字化资源获取与使用

 在线开放课程（MOOC）

本书配套在线开放课程"服装CAD"，可通过计算机或手机APP端进行视频学习、测验考试、互动讨论。

扫码下载
APP

- 计算机端学习方法：访问地址http://www.icourses.cn/vemooc，或百度搜索"爱课程"，进入"爱课程"网"中国职教MOOC"频道，在搜索栏内搜索课程"服装CAD"。

- 手机端学习方法：扫描右侧二维码或在手机应用商店中搜索"中国大学MOOC"，安装APP后，搜索课程"服装CAD"。

 **Abook 教学资源**

本书配套电子教案、教学课件等教辅教学资源，请登录高等教育出版社 Abook 网站 http://abook.hep.com.cn/sve 获取相关资源。详细使用方法见本书"郑重声明"页。

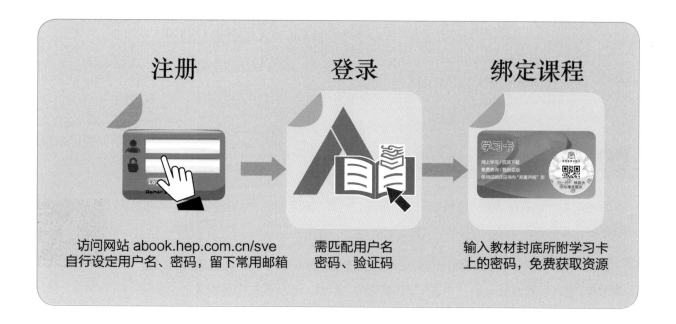

注册　　　　　登录　　　　　绑定课程

访问网站 abook.hep.com.cn/sve　　需匹配用户名　　　　输入教材封底所附学习卡
自行设定用户名、密码，留下常用邮箱　　密码、验证码　　　　上的密码，免费获取资源

扫码下载
Abook APP

 二维码教学资源

　　本书配套微视频、知识链接等学习资源，在书中以二维码形式呈现。扫描书中的
二维码进行查看，随时随地获取学习内容，享受立体化阅读体验。

扫一扫，学一学

防伪查询说明

用户购书后刮开封底防伪涂层，利用手机微信等软件扫描二维码，会跳转至防伪查询网页，获得所购图书详细信息。也可将防伪二维码下的 20 位密码按从左到右、从上到下的顺序发送短信至 106695881280，免费查询所购图书真伪。

反盗版短信举报

编辑短信"JB，图书名称，出版社，购买地点"发送至 10669588128

防伪客服电话

（010）58582300

学习卡账号使用说明

一、注册 / 登录

访问 http://abook.hep.com.cn/sve，点击"注册"，在注册页面输入用户名、密码及常用的邮箱进行注册。已注册的用户直接输入用户名和密码登录即可进入"我的课程"页面。

二、课程绑定

点击"我的课程"页面右上方"绑定课程"，正确输入教材封底防伪标签上的 20 位密码，点击"确定"完成课程绑定。

三、访问课程

在"正在学习"列表中选择已绑定的课程，点击"进入课程"即可浏览或下载与本书配套的课程资源。刚绑定的课程请在"申请学习"列表中选择相应课程并点击"进入课程"。

如有账号问题，请发邮件至：4a_admin_zz@pub.hep.cn。